应用型本科计算机类专业"十三五"规划教材
江苏省应用型高校计算机学科联盟组织编写

离散数学简明教程

主　编　朱怀宏
副主编　朱宇希
　　　　金　虹

U0250406

南京大学出版社

内容简介

离散数学与信息类科学密切相关,本书介绍了离散数学的基础理论,阐述了各分支之间的关系,主要内容包括:集合论、关系、函数、无限集、近世代数、图论、命题逻辑、谓词逻辑,每章末有小结及习题.

本书主要面向信息类专业的读者,而非数学专业的读者,故相关难度和深度适可而止,相对一般教材而言,本书内容较浅,读者容易理解.

本教材适合于一般高校信息类专业本、专科生、高职院校、成教类学生作为教材,带 ＊ 标记的内容作为进一步提高之用,可以不作为教学内容.

图书在版编目(CIP)数据

离散数学简明教程 / 朱怀宏主编. — 南京:南京大学出版社,2018.8(2021.7 重印)
ISBN 978 - 7 - 305 - 20701 - 3

Ⅰ. ①离… Ⅱ. ①朱… Ⅲ. ①离散数学—教材 Ⅳ.
①O158

中国版本图书馆 CIP 数据核字(2018)第 176149 号

出版发行 南京大学出版社
社 址 南京市汉口路 22 号 邮编 210093
出 版 人 金鑫荣
书 名 离散数学简明教程
主 编 朱怀宏
责任编辑 陈亚明 王南雁 编辑热线 025 - 83592401
照 排 南京理工大学资产经营有限公司
印 刷 常州市武进第三印刷有限公司
开 本 787×1092 1/16 印张 9.75 字数 238 千
版 次 2018 年 8 月第 1 版 2021 年 7 月第 2 次印刷
ISBN 978 - 7 - 305 - 20701 - 3
定 价 25.80 元

网 址:http://www.njupco.com
官方微博:http://weibo.com/njupco
微信服务号:njuyuexue
销售咨询热线:(025)83594756

编者的话

离散数学是现代数学的一个重要分支,是计算机专业的一门核心基础课程,是计算机科学与技术的基础理论之一. 在此信息时代里,计算机科学与相关信息类专业的各类学生人数的增加及对基础理论的需求显得越来越重要.

通过离散数学的教学,不仅能为学生的专业课学习及将来所从事的软、硬件开发和应用研究打下坚实的基础,同时也能培养其抽象思维和严格逻辑推理的能力,对学习者无论从事何种工作均是有益的.

本书适合于一般高校信息类专业本、专科生、高职院校、成教类学生作为教材. 带 * 标记的内容作为进一步提高之用,作为选学内容,对某些较复杂的定理证明,专科生只需知道结论,而不必去研讨证明过程,且对大部分定理证明不作考试要求.

本人认为学习离散数学的首要目的是培养人的抽象思维和严格逻辑推理的能力,给人们在后续学习、工作及生活中提供帮助,而不是单纯为了考 60 分还是 90 分的问题;第二个目的才是为了考试,此时各人可根据自己的情况来决定要花多少时间、精力以及对离散数学研究的深度.

本人的另一个看法是离散数学可以作为任何专业的学习材料,你就是研究本书中的一章或部分章节,也会增强你的抽象思维和逻辑推理能力.

建议学习顺序:

(1) 按第一章到第八章的自然顺序学习;

(2) 先学第七、八章,然后再按第一章到第六章的顺序.

本书语言通俗、易懂,收编了很多习题参考了大量的书籍和材料,在此向有关作者表示谢意.

本教材已另出版配套习题解析.

最后,恳请各位专家及读者对本书给予批评和指正.

朱怀宏

2018 年 7 月于南京大学

目　　录

第1章　集合论···(1)

1.1　集合和元素的概念··(1)

1.2　集合之间的相互关系··(3)

1.3　集合的运算、文氏图··(4)

小结··(10)

习题··(11)

第2章　关系···(14)

2.1　关系的基本概念··(14)

2.2　关系的性质··(17)

2.3　关系的运算··(18)

2.4　关系的闭包··(22)

2.5　等价关系与划分··(23)

*2.6　相容关系与覆盖··(26)

*2.7　偏序关系··(27)

小结··(30)

习题··(31)

第3章　函数···(34)

3.1　函数的基本概念··(34)

3.2　特殊函数··(35)

3.3　函数的复合··(36)

3.4　逆函数··(37)

小结··(38)

习题··(39)

*第4章　无限集···(41)

4.1　集合的基数··(41)

4.2　可数集与不可数集··(42)

小结··(43)

习题··(44)

第5章　近世代数···(45)

5.1　代数运算··(45)

5.2　代数系统··(48)

5.3　同态和同构··(49)

5.4 半群与单元半群 ……………………………………………………… (51)

5.5 群及相关概念 ………………………………………………………… (52)

5.6 子群 …………………………………………………………………… (56)

5.7 循环群 ………………………………………………………………… (57)

*5.8 置换群 ……………………………………………………………… (59)

*5.9 陪集、正规子群、商群和同态定理 ……………………………… (62)

*5.10 环、理想、整环和域 ……………………………………………… (66)

5.11 格与布尔代数 ……………………………………………………… (70)

小结 ………………………………………………………………………… (74)

习题 ………………………………………………………………………… (74)

第6章 图论 …………………………………………………………………… (81)

6.1 图的基本概念 ………………………………………………………… (81)

6.2 图的连通性 …………………………………………………………… (84)

6.3 欧拉图与哈密顿图 …………………………………………………… (86)

6.4 图的矩阵表示 ………………………………………………………… (88)

6.5 权图、最小权通路和最小权回路 …………………………………… (90)

6.6 树 ……………………………………………………………………… (93)

*6.7 二分图 ……………………………………………………………… (98)

*6.8 平面图 ……………………………………………………………… (100)

6.9 有向图 ………………………………………………………………… (103)

小结 ………………………………………………………………………… (104)

习题 ………………………………………………………………………… (105)

第7章 命题逻辑 ……………………………………………………………… (112)

7.1 命题逻和命题联结词 ………………………………………………… (112)

7.2 命题公式和真值表 …………………………………………………… (118)

7.3 重言式 ………………………………………………………………… (122)

*7.4 范式 ………………………………………………………………… (125)

*7.5 命题演算的推理理论 ……………………………………………… (129)

小结 ………………………………………………………………………… (133)

习题 ………………………………………………………………………… (133)

第8章 谓词逻辑 ……………………………………………………………… (137)

8.1 谓词、个体和量词 …………………………………………………… (137)

8.2 谓词演算公式及其基本永真公式 …………………………………… (140)

*8.3 前束范式 …………………………………………………………… (144)

*8.4 谓词演算的推理理论 ……………………………………………… (144)

小结 ………………………………………………………………………… (146)

习题 ………………………………………………………………………… (147)

参考文献 ……………………………………………………………………… (150)

第 1 章

集 合 论

集合论在现代数学的各个分支中起着重要的作用,属于现代数学的基础理论.本书中的每一章均会涉及集合论.对于信息类专业的人士来说,掌握集合论的思想、方法是必不可少的.集合论是信息类专业的理论基础知识.

1.1 集合和元素的概念

集合论中的集合是一个最基本的概念,也是离散数学中的基本概念,同时在计算机科学及相关学科中是必不可少的基本概念.类似几何学中的点、线,没有精确的定义.一般地说,一个**集合**是指所研究对象的全体,其中每个对象是该集合中的一个**元素**.例如,某学校中所有的教室构成一个集合,那么此集合中的某个元素则表示此校园中的某一个教室.

集合一般习惯用大写英文字母表示,集合中所含的元素用小写英文字母表示.

对任意一个集合 S 和一个元素 x,若 x 是 S 中的一个元素,记以 $x \in S$,读作"x 属于 S",若 x 不是 S 中的一个元素,记以 $x \notin S$,读作"x 不属于 S".显然,对任意一个元素来说,它要么属于某一集合,要么不属于某一集合,二者必居其一.例如,对一个教室而言,它要么属于上面例中某学校教室集合中的元素,要么不属于.

集合中的元素可以是根据人们的需要所指定的任何事物,完全相同的元素在集合中只出现一次,集合用 { } 将属于它的元素括在其中,各元素间用逗号分开,集合中各元素出现的先后顺序无关紧要,如 $\{a, b, c\} = \{b, c, a\}$.

表示集合中的元素通常有四种方法.

1. 列举法

列举已知集合中的元素,当元素很多或无穷时,可以列出足够多的元素以反映出集合中元素的出现规律,并在表示时配合使用省略号.

例 1-1 $A = \{w, x, y, z\}$,$B = \{2, 4, 6, \cdots\}$,$C = \{0, 1, 2, \cdots, 199\}$.

分析:其中 A 列出了集合中的全部四个元素. B 表示从 2 开始的全部偶数; C 表示从 0 开始至 199 的 200 个自然数. 关键点是省略的部分必须是表达唯一的解释. 如果有 $D=\{1, 3,4, \cdots\}$,则不能表达 D 中元素的唯一理解.

列举法方便、直观,但它对某些集合无法表示.

2. 特性刻画法(描述法)

指出一个集合中所有元素共同具有的特性,比如用 P 表示某种特性, $P(a)$ 表示元素 a 满足特性 P ,则

$$A=\{a \mid P(a)\}$$

表示 A 是所有那些使 $P(a)$ 成立的元素 a 构成的集合,而不属于 A 的元素均不满足特性 P ,可以用规则、公式或各种描述法来刻画特性 P ,或理解为对于符合 A 中条件的元素进行的唯一解释.

例 1-2 $A=\{x \mid x$ 是整数并且 $x<0\}$;

$B=\{x \mid 0<x<1$ 并且 x 是实数 $\}$;

$C=\{x \mid x$ 是 java 语言中的标识符 $\}$;

$D=\{y \mid y<100$ 并且 y 是自然数 $\}$.

分析:其中 A 的元素要同时满足是整数与小于 0 两个条件,即负整数; B 的元素也要满足在 0 至 1 开区间之间和实数两个条件; C 的元素是符合 java 语言中规定的标识符; D 的元素是小于 100 的自然数. 本方法可以用多个条件约束集合中的元素,是一种表达能力最强的方法.

3. 通过计算规则定义

给定基础元素,由特定的计算规则定义集合中的其他元素,又称递归定义法.

例 1-3   设 $a_1=1, a_2=2, a_{i+1}=a_i+a_{i-1}, i \geqslant 2$,于是 $S=\{a_k \mid k>0$ 且 k 是整数 $\}=\{1, 2, 3, 5, 8, \cdots\}$.

分析: S 中的元素 a_k 是根据计算规则计算出的第 k 个元素,此规则从第 3 个元素开始的后续元素是排列在其之前的 2 个元素相加所得的结果.

4. 文氏图

文氏图是研究集合运算与表示的一种有效的直观形象工具,它是集合的一种图形表示.

用一个矩形表示全集(在一定范围内研究的集合的元素均取自全集的一部分),将所要表示的各集合用圆形画在矩形中. 属于某集合的元素在圆内,不属于的在圆外,对于一个集合、两个集合和三个集合的文氏图分别如图 1-2、图 1-3 所示.

例 1-4   图 1-1 是两个不相交的集合 A 、 B 的文氏图.

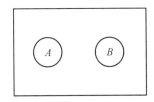

图 1-1

为研究方便,在本书中用如下的几个符号来表示常用到的特定集合:

N:自然数集合,**N**={0, 1, 2, …};

$\mathbf{N}_m$:($m \geqslant 1$),自然数集合的前 m 个元素;

$\mathbf{N}_m$={0, 1, 2, …, $m-1$};

I:整数集合;

$\mathbf{I}^+$:正整数集合;

Q:有理数集合;

R:实数集合.

定义 1-1 如果一个集合的元素是有限的,称它为有限集,否则为无限集,有限集 A 中的元素数目通常用 $|A|$ 表示.它是一个自然数.

比如 **A**={1, 2, 3, 4,5},则 $|A|$=5

分析:$|A|$=5 表示集合 A 中有 5 个元素,与 A 中的元素 5 是两回事

1.2 集合之间的相互关系

定义 1-2 设 A 和 B 是两个集合,如果 A 中的每个元素都能在 B 中找到,则称 A 是 B 的一个子集,记为 $A \subseteq B$,读作 A 被 B 包含,或 B 包含 A.

如果 A 中至少有一个元素不属于 B,则 A 不是 B 的子集,记为 $A \not\subseteq B$,或 $B \not\supseteq A$.

这里的包含和不包含不仅看 A,B 中元素个数的多少,更重要的是要看每个具体的元素是否在 A,B 中均存在.

例 1-5 设集合 A={a, b, d, e},B={a, c,d},C={a, d}. ,判定是否有子集关系.

解:C 是 A 的子集,C 也是 B 的子集,而 B 不是 A 的子集.

分析:虽然 B 中元素少于 A,但 B 中元素 c 在 A 中找不到,A 也不是 B 的子集,因为 A 中的元素 b,e 在 B 中找不到.

对于任何一个集合 A,有 $A \subseteq A$,即任何一个集合是它自身的子集.

定义 1-3 设 A 和 B 是两个集合,如果 A 中的每个元素在 B 中均可找到,同时 B 中的每个元素在 A 中也均可找到,则称 A 和 B 相等,记 $A=B$.

如果 A 中至少有一个元素不在 B 中或者 B 中至少有一个元素不在 A 中,则称 A 和 B 不等,记为 $A \neq B$.

例 1-6 A={a, e, i, o, u},B={$x|x$ 是英文字母且 x 是元音},则有 $A=B$.

分析:从此例中可以看出两个相等的集合不一定要用相同的方法定义

集合之间的包含和相等非常重要,它们之间的关系可有如下定理.

定理 1-1 设有两个集合 A 和 B，则 $A=B$ 当且仅当 $A\subseteq B$ 且 $B\subseteq A$.

证明：假定 $A=B$，由相等的定义，A 中的每个元素可以在 B 中找到，所以 $A\subseteq B$，同样 B 中的每个元素可以在 A 中找到，所以 $B\subseteq A$.

反之，若 $A\neq B$，故 A 中至少有一个元素不在 B 中，这与 $A\subseteq B$ 矛盾，或若 B 中至少有一个元素不在 A 中，这与 $B\subseteq A$ 矛盾，所以此处不可能有 $A\neq B$，故只能有 $A=B$.

此定理常用于证明两个集合相等. 只要证明两个集合互相包含，即 $A\subseteq B$ 和 $B\subseteq A$，就可直接得出结论 $A=B$.

定义 1-4 设 A,B 是两个集合，如果 A 是 B 的子集，并且 $A\neq B$，则称 A 是 B 的真子集，记为 $A\subset B$，读作 A 被 B 真包含，或 B 真包含 A.

例 1-7 设 $A=\{a, b, c, d\}$，$B=\{a, c, d, e, f\}$，$C=\{a, c, d\}$，指出彼此的真子集关系.

解：$C\subset A$，$C\subset B$.

分析：因为 C 中的每一个元素在 A 和 B 中均能找到，而 A,B 中又有 C 中没有的元素，然而 $A\not\subset B$，因为 A 中元素 b 在 B 中找不到.

注意：一个集合中所含的元素也可以是集合.

例 1-8 设 $A=\{1\}$，$B=\{1, \{1\}\}$，$C=\{1, \{1\}, \{1, 2\}\}$ 指出 A、B、C 之间集合或元素的关系.

解：B,C 中有元素是集合，此时有 $A\subset B$，$B\subset C$，$A\subset C$，又有 $A\in B$，$A\in C$，此处 A 作为元素在 B，C 中均可找到，这里要注意集合表示时花括号的层次.

定义 1-5 若集合 U 可包含所讨论范围内的每一个集合，则称 U 为全集.

注意：在不同讨论范围中，U 可以是不相同的.

例 1-9 $A=\{0, 1, 2, 3, 8, 9\}$，$B=\{-5, -3, 0, 1, 5, 8\}$.

对 A 可选其全集为自然数集 N，即 $U=N$，而 B 的元素有负数则不能选 N，可选整数集 I，即 $U=I$. 可见 U 具有相对性.

定义 1-6 没有元素的集合称为空集，记为 $\varnothing$.

定理 1-2 任何一个集合 A 均包含空集，$\varnothing\subseteq A$.

证明：利用反证法，若 $\varnothing\not\subset A$，由定义，$\varnothing$ 中至少有一个元素不属于 A，这与空集 $\varnothing$ 的定义相矛盾，故有 $\varnothing\subseteq A$.

注意：对于任意集合 A，有 $\varnothing\subseteq A\subseteq U$.

定理 1-3 空集 $\varnothing$ 是唯一的.

证明：利用反证法，设有 $\varnothing_1$ 和 $\varnothing_2$ 两个空集，则由于 $\varnothing_1$ 和空集，有 $\varnothing_1\subseteq\varnothing_2$；又由于 $\varnothing_2$ 是空集，有 $\varnothing_2\subseteq\varnothing_1$，因此 $\varnothing_1=\varnothing_2$.

注意：空集 $\varnothing$ 具有特殊性，$\varnothing$ 和 $\{\varnothing\}$ 是不同的，$\varnothing$ 表示没有元素的集合，相当于 $\{\ \}$，而 $\{\varnothing\}$ 是以空集作为元素的一个集合，此集合有一个元素 $\varnothing$ 存在. 若 $A=\{\varnothing\}$，则有 $\varnothing\subseteq A$ 及 $\varnothing\in A$；若 $A=\{\{\varnothing\}\}$，则有 $\varnothing\subseteq A$，但是 $\varnothing\notin A$.

1.3　集合的运算、文氏图

类似于加减法运算，$z=x+y$，z 是 x、y 两个运算对象做加法运算后所得结果.

集合的运算,是对已有的称为运算对象的集合,按照运算规则来得到一个称为运算结果的新的集合.

定义 1-7 设两个集合 A 和 B,将 A 和 B 的所有元素放在一起组成的集合称为 A 和 B 的并集,记为 $A \cup B$,即

$$A \cup B = \{x \mid x \in A \text{ 或 } x \in \boldsymbol{B}\}.$$

例 1-10 设 $A = \{1, 2, 3, 4, 5, 6\}$,$B = \{2, 4, 6, 8, 10\}$,求 $A \cup B$

解:$A \cup B = \{1, 2, 3, 4, 5, 6, 8, 10\}$.

分析:这里 $A \cup B$ 是在 A 和 B 的基础上产生出另一个新的集合,A,B 中相同的元素在新集合中只需出现一次.

定义 1-8 设任意两个集合 A 和 B,将 A 和 B 的所有公共元素组成的集合称为 A 和 B 的交集,记为 $A \cap B$,即

$$A \cap B = \{x \mid x \in A \text{ 并且 } x \in \boldsymbol{B}\}.$$

若 $A \cap B = \varnothing$ 即 A 和 B 无公共元素存在,则称 A 和 B 是分离的或不相交的.

例 1-11 设 $A = \{1, 2, 3, 4, 5, 6\}$,$B = \{1, 3, 6, 8, 10\}$,求 $A \cap B$

解:$A \cap B = \{1, 3, 6\}$.

分析:此处将 A、B 两集合共有的元素构造出新的集合.

定义 1-9 设任意两个集合 A 和 B,将属于 A 但同时不属于 B 的元素组成的集合称为 A 和 B 的差,记为 $A - B$,即

$$A - B = \{x \mid x \in A \text{ 并且 } x \notin \boldsymbol{B}\}.$$

例 1-12 设 $A = \{1, 2, 3, 4, 5, 6\}$,$B = \{2, 4, 6, 8, 10\}$,求 $A - B$

解:$A - B = \{1, 3, 5\}$,

分析:即以 A 为基准,将其中和 B 有相同的元素去掉,剩下就是 $A - B$.

定义 1-10 设有集合 A,将属于其全集 U,但不同时属于 A 的元素组成的集合称为 A 的补,记为 $\overline{A}$,即

$$\overline{A} = \{x \mid x \in U \text{ 并且 } x \notin A\}.$$

例 1-13 设 $A = \{1, 2, 3, 4, 5, 6\}$,U 为自然数全集,求 $\overline{A}$ 解:$\overline{A} = \{0, 7, 8, \cdots\}$.

分析:$\overline{A}$ 是 U 和 A 的差,$\overline{A} = U - A$. 即在 U 中去掉所有 A 的元素.

注意:有一个很重要的等式 $A - B = A \cap \overline{B}$.

定义 1-11 设任意两个集合 A 和 B,将属于 A 或 B,但同时不属于 A 和 B 的元素所组成的集合称为 A 和 B 的对称差,记为 $A \oplus B$,即

$$A \oplus B = (A - B) \cup (B - A),$$
$$A \oplus B = \{x \mid x \in A \text{ 且 } x \notin B \text{ 或 } x \in B \text{ 且 } x \notin A\}.$$

例 1-14 设 $A = \{1, 2, 3, 4, 5, 6\}$,$B = \{2, 4, 6, 8, 10\}$,求 $A \oplus B$.

解:$A \oplus B = (A - B) \cup (B - A) = \{1, 3, 5\} \cup \{8, 10\} = \{1, 3, 5, 8, 10\}$.

分析:此处将 A 中与 B 相同的元素 2、4、6 去掉,得到 $\{1, 3, 5\}$;将 B 中与 A 相同的元素 2、4、6 去掉,得到 $\{8, 10\}$;再将两者做并运算.

下面列出集合运算的一些基本定律：

(1) $A\cap\overline{A}=\varnothing$；

(2) $\overline{U}=\varnothing$；

(3) $\overline{\varnothing}=U$；

(4) 重补律：$\overline{\overline{A}}=A$；

(5) 德. 摩根定律：$\overline{(A\cup B)}=\overline{A}\cap\overline{B}$，$\overline{(A\cap B)}=\overline{A}\cup\overline{B}$.

运算优先级：补→交→并（即补运算优先级最高），可用括号改变表达式中的运算优先级. 下面通过一些例子来加深大家对集合运算的理解：

例 1-15 设 A,B,C 为三个任意集合，则

$$A\cap(B-C)=(A\cap B)-(A\cap C). \tag{1}$$

证明：$A\cap(B-C)=A\cap(B\cap\overline{C})=A\cap B\cap\overline{C}$.

$$
\begin{aligned}
(A\cap B)-(A\cap C)&=(A\cap B)\cap\overline{(A\cap C)}\\
&=(A\cap B)\cap(\overline{A}\cup\overline{C})\\
&=(A\cap B\cap\overline{A})\cup(A\cap B\cap\overline{C})\\
&=\varnothing\cup(A\cap B\cap\overline{C})\\
&=(A\cap B\cap\overline{C}). \tag{2}
\end{aligned}
$$

由(1),(2)式得 $A\cap(B-C)=(A\cap B)-(A\cap C)$

分析：(1) 式中用到了 $B-C=B\cap\overline{C}$，(2)式中也运用到了差运算用交运算替换；德. 摩根定律 $\overline{(A\cap C)}=\overline{A}\cup\overline{C}$；$(A\cap B)$对$\overline{A}$、$\overline{C}$的分配律；$A\cap\overline{A}=\varnothing$；$\varnothing\cap B=\varnothing$.

注意：证明等式可以从左边出发往右边证；也可以从右边出发证明到左边；也可以分别从左边和右边出发证明到等于同一个式子（如本例）.

例 1-16 证明等式$(A-B)\oplus B=A\cup B$

证明：
$$
\begin{aligned}
(A-B)\oplus B&=(A\cap\overline{B})\oplus B\\
&=((A\cap\overline{B})-B)\cup(B-(A\cap\overline{B}))\\
&=(A\cap\overline{B}\cap\overline{B})\cup(B\cap\overline{(A\cap\overline{B})})\\
&=(A\cap\overline{B})\cup(B\cap(\overline{A}\cup B))\\
&=(A\cap\overline{B})\cup B\\
&=(A\cup B)\cap(\overline{B}\cup B)\\
&=(A\cup B)
\end{aligned}
$$

分析：多次运用到了 $A-B=A\cap\overline{B}$，将差运算用交运算替代；$\overline{B}\cap\overline{B}=\overline{B}$；德. 摩根定律.

对于 $B\cap(\overline{A}\cup B)$ 可以理解为括号里的 B 与 $\overline{A}$ 做并运算，在 B 中可能增加了一些$\overline{A}$的元素得到$\overline{A}\cup B$，但是再与 B 做交运算是取$(\overline{A}\cup B)$ 与 B 的共有元素，即得到 B；$\overline{B}\cup B$ 是全集 U，U 与 $(A\cup B)$ 做交运算，结果得到共有元素 $A\cup B$.

注意：通常要证明集合之间的包含，首先从被包含一方的集合中任取一元素 x，然后根据题目给出的条件、集合的定义、定律，推出此 x 也是属于包含方集合中的元素即可.

例 1-17 如果 $A\subseteq B$，且 $C\subseteq D$，则有

(1) $(A\cup C)\subseteq(B\cup D)$；

(2) $(A\cap C)\subseteq(B\cap D)$.

证明:(1) 任取 $x\in(A\bigcup C)$,于是有 $x\in A$ 或 $x\in C$. 由于条件 $A\subseteq B,C\subseteq D$,故有 $x\in B$ 或 $x\in D$,从而有 $x\in(B\bigcup D)$,所以 $(A\bigcup C)\subseteq(B\bigcup D)$.

(2) 任取 $x\in(A\bigcap C)$,于是有 $x\in A$ 并且 $x\in C$. 由于条件 $A\subseteq B,C\subseteq D$,故有 $x\in B$ 并且 $x\in D$,从而有 $x\in(B\bigcap D)$,所以 $(A\bigcap C)\subseteq(B\bigcap D)$.

分析:(1) 中在包含一方 $(A\bigcup C)$ 中任取一 x,根据并运算的定义,$x\in A$ 或 $x\in C$,又根据本题给出的条件 $A\subseteq B,C\subseteq D$;可以推出 x 也属于 B 或 D,即 $x\in B$ 或 $x\in D$,由并运算的定义得 $x\in(B\bigcup D)$,即已推出 x 也是包含方 $B\bigcup D$ 的元素,故得证. 对(2)的分析类似.

例 1-18 证明等式: $A-(B\bigcup C)=(A-B)\bigcap(A-C)$.

证明:对任意的 $x\in A-(B\bigcup C)\Leftrightarrow x\in A$ 并且 $x\notin B\bigcup C$
$$\Leftrightarrow x\in A \text{ 并且 }(x\in\overline{B\bigcup C})$$
$$\Leftrightarrow x\in A \text{ 并且 }(x\in(\overline{B}\bigcap\overline{C}))$$
$$\Leftrightarrow x\in A \text{ 并且 }(x\in\overline{B}\text{并且 }x\in\overline{C})$$
$$\Leftrightarrow(x\in A \text{ 并且 }x\notin B)\text{并且 }(x\in A \text{ 并且 }x\notin C)$$
$$\Leftrightarrow x\in A-B \text{ 并且 }x\in A-C$$
$$\Leftrightarrow x\in(A-B)\bigcap(A-C),$$

故原式成立.

分析:本题用定理 $1-1$,要证两边集合相等,用两边互相包含的方法来证. 根据差运算的定义,$A-(B\bigcup C)$ 相当于其中的元素 $x\in A$ 并且 $x\notin(B\bigcup C)$,$x\notin(B\bigcup C)$ 相当于 $x\in\overline{B\bigcup C}$,根据摩根定律 $\overline{B\bigcup C}$ 相当于 $\overline{B}\bigcap\overline{C}$,证明中出现的并且是由交运算的定义而来的,多出现一次 $x\in A$ 是由 $A=A\bigcap A$ 而来的.

上述符号"$\Leftrightarrow$"表示当且仅当,即其左、右两边可以相互推出;而符号"$\Rightarrow$"表示可由左边式子推出右边式子.

注意:在证明集合相等式时,可以直接用公式、定律一步步地用等号"$=$"从左到右或从右到左来推证;也可以利用集合运算符的定义用"$\Rightarrow$"和"$\Leftrightarrow$"符号来推证(如例 $1-18$).

定义 1-12 设 S 是一个有限集合,则 S 的所有子集作为元素所构成的集合称为 S 的幂集,记为 $\rho(S)$,即
$$\rho(S)=\{A\mid A\subseteq S\}.$$

注意:若 S 有 n 个元素,则 $\rho(S)$ 应有 2^n 个元素.

例 1-19 设 $S=\{1,\{2,3\}\}$,求 $\rho(S)$

解:$\rho(S)=\{\varnothing,\{1\},\{\{2,3\}\},\{1,\{2,3\}\}\}$.

分析:此处 S 的两个元素分别为 1 和 $\{2,3\}$,要用它们来构造集合去作为 $\rho(S)$ 的元素时,必须注意括号的层次,即把它们作为子集合时,应该分别再加一层括号. $\varnothing$ 和 S 也是 S 的子集,故它们也是 $\rho(S)$ 的元素. 此处 S 有 2 个元素,$\rho(S)$ 应该有 4 个元素.

例 1-20 设 $S=\varnothing$,则 $\rho(S)=\{\varnothing\}$.

相应有
$$\rho(\rho(\varnothing))=\{\varnothing,\{\varnothing\}\}.$$

分析:此集合中有 $\varnothing$、$\{\varnothing\}$ 两个元素.

$$\rho(\rho(\rho(\varnothing)))=\{\varnothing,\{\varnothing\},\{\{\varnothing\}\},\{\varnothing,\{\varnothing\}\}\}.$$

分析：此集合有 $\varnothing$、$\{\varnothing\}$、$\{\{\varnothing\}\}$、$\{\varnothing,\{\varnothing\}\}$ 4 个元素.

幂集具有如下性质：

(1) $A\subseteq B$ 当且仅当 $\rho(A)\subseteq\rho(B)$；

(2) $\rho(A)\bigcup\rho(B)\subseteq\rho(A\bigcup B)$；

(3) $\rho(A)\bigcap\rho(B)=\rho(A\bigcap B)$.

文氏图是集合的一种图形表示，用一个矩形表示全集 U，矩形内的一个圆表示某个集合，属于此集合的元素均在圆内. 文氏图是一种直观、形象的工具，可用于集合的运算及等式的证明.

如图 1-2 和图 1-3 所示是一些基本运算的文氏图表示.

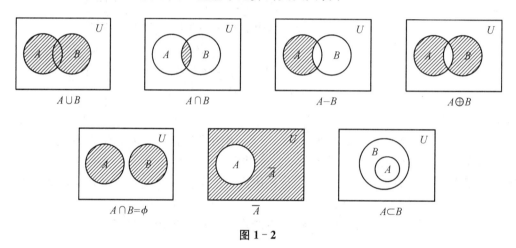

图 1-2

例 1-21 设 A,B,C 是全集 U 的子集，用文氏图证明：

$$A-(B\bigcup C)=(A-B)\bigcap(A-C)$$

证明：分步骤列出文氏图，如图 1-2 所示.

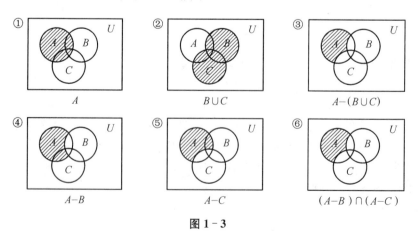

图 1-3

比较图③和图⑥中阴影部分是相同的，故上述等式成立.

分析：以①中 A 的文氏图出发，去掉②中 $B\bigcup C$ 阴影表示的共同部分，即得到③；以④和

⑤的共同阴影部分表示的交运算即得到⑥

定理 1-4 如果 A 和 B 是分离的有限集合,则有:$|A\cup B|=|A|+|B|$.

证明:A 中有 $|A|$ 个元素在 $A\cup B$ 中,而不属于 A 中的其余元素在 B 中,由于 A 和 B 是分离的,B 中也没有元素在 A 中,所以有 $|B|$ 个不在 A 中的元素在 B 中,故 $A\cup B$ 的元素个数为

$$|A\cup \boldsymbol{B}|=|A|+|B|.$$

定理 1-5 如果 A 和 B 是有限集合,则有

$$|A\cup B|=|A|+|B|-|A\cap B|$$

这是 A 和 B 不分离时的一般情况(若分离是 $|A\cap B|=0$,即定理 1-4)

定理 1-6 对任意三个有限集合 A,B,C,有

$$|A\cup B\cup C|=|A|+|B|+|C|-|A\cap B|-|A\cap C|-|B\cap C|+|A\cap B\cap C|$$

证明:由定理 1-5,又因为 $A\cup B\cup C=(A\cup B)\cup C$,则

$$
\begin{aligned}
|A\cup B\cup C|&=|A\cup B|+|C|-|(A\cup B)\cap C| \\
&=|A|+|B|-|A\cap B|+|C|-|(A\cap C)\cup(B\cap C)| \\
&=|A|+|B|+|C|-|A\cap B|-(|A\cap C|+|B\cap C| \\
&\quad -|(A\cap C)\cap(B\cap C)|) \\
&=|A|+|B|+|C|-|A\cap B|-|A\cap C|-|B\cap C| \\
&\quad +|A\cap B\cap C|
\end{aligned}
$$

还有一些基本定律:

(1) 结合律

$$
\begin{aligned}
A\cup(B\cup C)&=(A\cup B)\cup C \\
A\cap(B\cap C)&=(A\cap B)\cap C \\
A\oplus(B\oplus C)&=(A\oplus B)\oplus C
\end{aligned}
$$

(2) 交换律

$$
\begin{aligned}
A\cup B&=B\cup A \\
A\cap B&=B\cap A \\
A\oplus B&=B\oplus A
\end{aligned}
$$

(3) 分配率

$$
\begin{aligned}
A\cup(B\cap C)&=(A\cup B)\cap(A\cup C) \\
A\cap(B\cup C)&=(A\cap B)\cup(A\cap C) \\
A\cap(B\oplus C)&=(A\cap B)\oplus(A\cap C)
\end{aligned}
$$

(4) 等幂律

$$
\begin{aligned}
A\cup A&=A \\
A\cap A&=A
\end{aligned}
$$

（5）吸收率

$$A \cup (A \cap B) = A$$
$$A \cap (A \cup B) = A$$

（6）恒等率

$$A \cup \varnothing = A$$
$$A \cap U = A$$
$$A \cup U = U$$
$$A \cap \varnothing = \varnothing$$

（7）取补率

$$A \cup \overline{A} = U$$

例 1-22　在对 100 人的调查中,有 46 人爱好乒乓球,32 人爱好篮球,31 人爱好排球,15 人同时爱好乒乓球和篮球,12 同时爱好乒乓球和排球,11 同时爱好篮球和排球,有 20 人三种爱好都没有,问同时爱好这三种运动的有多少人? 仅爱好一种运动的各有多少人?

解:设 A 为爱好乒乓球的人的集合,B 为爱好篮球的人的集合,C 为爱好排球的人的集合,根据题意得

$$|A| = 46, |B| = 32, |C| = 31,$$
$$|A \cap B| = 15, |A \cap C| = 12, |B \cap C| = 11,$$
$$100 - |A \cup B \cup C| = 20, |A \cup B \cup C| = 80.$$
$$|A \cup B \cup C| = |A| + |B| + |C| - |A \cap B| - |A \cap C| - |B \cap C| + |A \cap B \cap C|$$
$$80 = 46 + 32 + 31 - 15 - 12 - 11 + |A \cap B \cap C|$$
$$|A \cap B \cap C| = 9$$

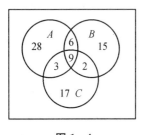

图 1-4

将已知及计算所得各数据填入如图 1-4 所示的文氏图中,可得出所有相关的数据,同时爱好这三种运动的人有 9 人,仅爱好乒乓球的人为 28 人,仅爱好篮球的人为 15 人,仅爱好排球的人为 17 人.

分析:本题被调查的总人数为 100 人,但有 20 人与相关运动均无关系,故此时 $|A \cup B \cup C| = 80$,同时两项运动爱好的人数即是两个相应集合的交集,代入相应定理表示的等式,可求出同时爱好三项运动的人数为 9 人,然后将文氏图中各集合间的相交与不相交各部分的数字一次计算并填入.

定理 1-4,1-5,1-6 称为有限集合的包含排斥原理.

小　结

集合和元素是集合论中的原始概念,元素和集合的关系为是否属于的关系,一个元素要

么属于某集合,要么不属于,两者居其一. 常用列举法、特性刻画法、通过计算规则定义和文氏图四种方法来表示集合.

集合间的基本关系有相等和不相等、包含和不包含. 常用分别证明 $A \subseteq B, B \supseteq A$ 来求证 $A = B$. $A \subseteq B$ 称 A 为 B 的子集,即 B 包含 A.

全集、空集、幂集有各自特定的含义.

集合间常见的运算有并、交、差、补、对称差. 文氏图是一种表示集合或集合间运算的直观工具.

定理 1-5,定理 1-6 常用于解决一些实际问题.

习　　题

1. 用列举法表示下列各集合的元素:

(1) $X = \{x \mid x^2 < 90, x$ 为正奇数$\}$;

(2) 小于等于 26 的素数;

(3) $\{n \in N, n^2 - 1 = 15$ 并且 $n^3 = 80\}$.

2. 设 N 的子集: $A = \{1, 3, 5, 7, 8\}$, $B = \{n \mid n^2 \leqslant 70\}$, $C = \{n \mid n$ 整除 $50\}$, $D = \{n \mid n = 2^m, m \in N, 0 \leqslant m \leqslant 5\}$,求下列集合:

(1) $A \cup (B \cap (C \cup D))$; 　　　　　　　(2) $B - (A \cup C)$;

(3) $(\overline{A} \cap C) \cup D$.

3. 求下列集合的幂集:

(1) $\{2, 4, 6\}$ 　　　　　　　(2) $\{\varnothing, 1, \{1\}\}$

4. 对于任意集合 X, Y, Z,判断下列各题的正确性:

(1) 若 $X \in Y, Y \subseteq Z$,则 $X \in Z$;

(2) 若 $X \in Y, Y \subseteq Z$,则 $X \subseteq Z$;

(3) 若 $X \subseteq Y, Y \in Z$,则 $X \in Z$;

(4) 若 $X \subseteq Y, Y \in Z$,则 $X \subseteq Z$.

5. 判断下列各式是否成立?

(1) $\{a\} \in \{\{a\}\}$; 　　　　　　　(2) $\{a\} \subseteq \{\{a\}\}$;

(3) $\{a\} \in \{a, \{a\}\}$; 　　　　　　　(4) $\{a\} \subseteq \{a, \{a\}\}$.

6. 设 U 为全集,A, B 为非空集合且 $B \subset A$,则下列运算结果中是否有空集?

(1) $A \cap B$; 　　(2) $\overline{A} \cap \overline{B}$; 　　(3) $\overline{A} \cap B$; 　　(4) $A \cap \overline{B}$.

7. 求证 $A - (A - B) = A \cap B$.

8. 已知 $A \subseteq B$ 且 $A \in B$,下列结论中哪个是正确的?

(1) 是不可能的; 　　　　　　　(2) 是可能的;

(3) A 必须是空集; 　　　　　　　(4) B 必须是全集;

(5) A, B 均为空集.

9. 集合 $\{1\}$ 的所有子集是下列哪一个?

(1) $\varnothing$; 　　　(2) $\{\varnothing\}$; 　　　(3) $\varnothing, \{1\}$; 　　　(4) $\{\varnothing, \{1\}\}$.

10. 用 $\in, \subset, \subseteq$ 填写下列空格：

(1) $\{a\}$ _____ $\{\{a\}, 3, 4, 1\}$;

(2) $\{a, 4, \{3\}\}$ _____ $\{2, \{a\}, 3, 4\}$;

(3) $\{\{a\}\}$ _____ $\{\{a\}, 3, 4, 1\}$.

11. 化简：

(1) $((A \cup B \cup C) \cap (A \cup B)) - ((A \cup (B - C)) \cap A)$;

(2) $(A - B - C) \cup ((A - B) \cap C) \cup (A \cap B - C) \cup (A \cap B \cap C)$;

12. 指出下列错误的等式：

(1) $A \cup A = A$;   (2) $(A \cup B) \cup C = A \cup (B \cup C)$;

(3) $A \cap (B \cup C) = (A \cap B) \cup C$;   (4) $A \cup \varnothing = A$.

13. 若 N_1 为偶数集合, N_2 为奇数集合, N_3 为质数集合, 求：

(1) $N_1 \cap N_2$;   (2) $N_1 \cap N_3$;   (3) $N_1 \cap N_2 \cap N_3$.

14. 设 $A = \{\{1, 2\}, \{3, 4, 5\}, 6\}$, 判断下列式子中哪些成立？哪些不成立？

(1) $2 \in A$;   (2) $\{3, 4, 5\} \subseteq A$;   (3) $\varnothing \in A$;

(4) $\{\{1, 2\}\} \subset A$;   (5) $\{\{1, 2\}\} \subseteq A$;   (6) $\varnothing \subseteq A$;

(7) $\{1, 2\} \in A$;   (8) $\{1, 2\} \subseteq A$.

15. 下列各式中哪个不正确？

(1) $\varnothing \in \varnothing$;   (2) $\varnothing \subseteq \varnothing$;   (3) $\varnothing \subset \{\varnothing\}$;   (4) $\varnothing \in \{\varnothing\}$.

16. $A = \{a, b, c, d\}$, 列出 A 中的所有不含元素 a 的子集.

17. 设全集 $U = \{$全班男女同学$\}$, 有子集 $A = \{$男同学$\}$, $B = \{$身高 1.5 米以上的学生$\}$, 求下列集合运算的结果：

(1) $A \cap B$;   (2) $\overline{A} \cap B$;   (3) $A \cup B$;   (4) $\overline{A} \cup B$.

18. 问下列等式成立的条件是什么？

(1) $(A - B) \cup (A - C) = A$;

(2) $(A - B) \cup (A - C) = \varnothing$;

(4) $(A - B) \cap (A - C) = \varnothing$;

19. 设 $A = \{a, b, \{a, b\}, c\}$, $B = \{b, \{b, c\}, \{a\}\}$, 求 $A - B$, $B - A$, $A \oplus B$.

20. 设 $A = \{\varnothing\}$, $B = \rho(\rho(A))$, 问是否有：

(1) $\varnothing \in B$ 且 $\varnothing \subseteq B$;

(2) $\{\varnothing\} \in B$ 且 $\{\varnothing\} \subseteq B$;

(3) $\{\{\varnothing\}\} \in B$ 且 $\{\{\varnothing\}\} \subseteq B$.

21. 设 $A = \{b, c\}$, $B = \{a, d, f\}$, $C = \{c, e\}$, 问：$A \cup (B \oplus C) = (A \cup B) \oplus (A \cup C)$ 成立否？

22. 设 A, B, C 为三个任意集合, 证明：$(A \cup C) \subseteq (A \cup B) \cup (B \cup C)$.

23. 设 A, B, C 为三个任意集合, 证明：$A \cap (B - C) = (A \cap B) - (A \cap C)$.

24. 证明：$\rho(A) \cup \rho(B) \subseteq \rho(A \cup B)$, 并举例说明 $\rho(A) \cup \rho(B) \neq \rho(A \cup B)$.

25. 证明：$A \cap (B \oplus C) = (A \cap B) \oplus (A \cap C)$.

26. 证明：$A \cup (B \oplus C) = (A \cup B) \oplus (A \cup C)$ 不一定成立.

27. (1) 已知 $A \cup B = A \cup C$, 是否一定 $B = C$?

(2) 已知 $A \cap B = A \cap C$，是否一定 $B = C$?

(3) 已知 $A \oplus B = A \oplus C$，是否一定 $B = C$?

28. 证明对称差的下述性质：

(1) $A \oplus (B \oplus C) = (A \oplus B) \oplus C$；

(2) $A \oplus B = B \oplus A$.

29. 设 A, B, C 是 U 的子集，利用文氏图证明下面的等式：

(1) $\overline{(A \cup B)} \cup C = \overline{A} \cap \overline{B} \cup C$；

(2) $A - (B \cup C) = (A - B) \cap (A - C)$.

30. 对 62 人的课外活动进行调查，结果 25 人参加物理小组，26 人参加化学小组，26 人参加生物小组，9 人同时参加物理和生物小组，11 人同时参加物理和化学小组，8 人同时参加化学和生物小组，10 人没有参加任何小组，问有多少人同时参加三个小组？只参加一个小组的人各有多少？

第 2 章

关　系

很多事物之间常常存在着一定的联系,通常又称之具有"关系",如师生关系、父子关系、空调与房间的温度关系等.为研究方便,我们将各种关系抽象化,用集合论的观点及方法来描述关系,将两个事物抽象成 a 和 b(即分别用 a 和 b 代表两事物),a 和 b 的关系称为二元关系,两个以上事物可构成多元关系,本书主要讨论二元关系.

2.1　关系的基本概念

定义 2-1　两个元素 a 和 b,按顺序组成一个二元组,称此二元组为有序偶,用 (a, b) 或 $<a, b>$ 表示,其中 a 表示该有序偶的第一元素,b 表示该有序偶的第二元素.

定义 2-2　两个有序偶 (a, b),(c, d) 相等当且仅当它们的分量按次序分别相等,即 $(a, b)=(c, d)$ 当且仅当 $a=c$ 且 $b=d$.

注意:通常 $(a, b) \neq (b, a)$,除非 $a=b$.例如,(a, b) 表示师生关系,其中 a 表示老师,b 表示学生,而 (b, a) 则指生师关系了,两者不同.

定义 2-3　设 A 和 B 是两个集合,用 A 中的元素 a 作为第一元素,B 中的元素 b 作为第二元素,构成有序偶,将 A 和 B 组合而成的所有有序偶组成一个集合,称作 A 到 B 的笛卡尔积,记作 $A \times B$,即

$$A \times B = \{(a, b) \mid a \in A, b \in B\}.$$

例 2-1　令 $A=\{a, b\}$,$B=\{1, 2, 3\}$,$C=\varnothing$,求:$A \times B$、$B \times A$、$A \times C$

解:$A \times B = \{(a, 1), (a, 2), (a, 3), (b, 1), (b, 2), (b, 3)\}$,

$\qquad B \times A = \{(1, a), (1, b), (2, a), (2, b), (3, a), (3, b)\}$,

$$A \times C = \varnothing.$$

分析:要找出两个集合组成的所有有序偶,还要注意有序偶中元素的次序,由此例可见:$A \times B \neq B \times A$;若 A 和 B 有一个为空集 $\varnothing$ 时,则 $A \times B = \varnothing$.

笛卡尔积不满足结合律,因为

$$(A \times B) \times C = \{((a, b), c) \mid (a, b) \in A \times B \text{ 且 } c \in C\},$$
$$A \times (B \times C) = \{(a, (b, c)) \mid a \in A \text{ 且 } (b, c) \in B \times C\}.$$

这里 $(a, (b, c))$ 不视作三元组,所以 $(A \times B) \times C \neq A \times (B \times C)$.

定义 2-4 设 A, B 是任意两个集合,从 A 到 B 的一个二元关系 R 是 $A \times B$ 的一个子集,即

$$R \subseteq A \times B.$$

可以看出二元关系是有序偶的集合,$A \times B$ 是所有有序偶的集合,可将它看成一个大仓库(拥有全部 $A \times B$ 的有序偶),而二元关系 R 的构造就是到大仓库中拿若干有序偶出来组成一个集合.

故 $(a, b) \in R$,称为 a 与 b 具有关系 R,也可用 aRb 表示.

若 $(a, b) \notin R$,则称 a 与 b 没有关系 R,可记为 $a \not{R} b$.

若 $R = A \times B$,则称 R 是 A 到 B 的全关系(即把大仓库 $A \times B$ 中的所有有序偶均拿来构造二元关系 R).

若 $R = \varnothing$,则称 R 是空关系(一个有序偶也没有).

若 $A = B$,则称 R 是 A 上的关系.

当 $A = B$ 时,全关系 $A \times A = \{(a, b) \mid a \in A \text{ 且 } b \in A\}$;

A 上的恒等关系 $E_A = \{(a, a) \mid a \in A\}$.

例如,有关系 $A = \{a, b, c\}$,则 $E_A = \{(a, a), (b, b), (c, c)\}$,即要将 A 中的所有元素自己和自己构造有序偶,并要全部取来才能构成 E_A.

例 2-2 设 $A = \{-3, 0, 4, 8\}$,求 A 上的大于等于关系 R_A.

解:$R_A = \{(a, b) \mid a, b \in A, \text{并且 } a \geqslant b\}$
$= \{(8, 8), (8, 1), (8, 0), (8, -3), (4, 4), (4, 0), (4, -3), (0, 0), (0, -3), (-3, -3)\}.$

分析:这是一个具体的关系及其表示的方法,即在 $A \times A$ 所包含的有序偶中选出第一元素 a 大于或等于第二元素 b 的那些有序偶来构造集合 R_A,表示相应的大于等于关系.

对于多元运算,我们作一约定:
$$A_1 \times A_2 \times A_3 = (A_1 \times A_2) \times A_3,$$
$$A_1 \times A_2 \times A_3 \times A_4 = (A_1 \times A_2 \times A_3) \times A_4,$$
$$= ((A_1 \times A_2) \times A_3) \times A_4.$$

一般地,$A_1 \times A_2 \times \cdots \times A_n = (A_1 \times A_2 \times \cdots \times A_{n-1}) \times A_n$
$$= \{(a_1, a_2, \cdots, a_n) \mid a_1 \in A_1 \text{ 且 } a_2 \in A_2 \cdots\cdots \text{ 且 } a_n \in A_n\}.$$

$A_1 \times A_2 \times \cdots \times A_n$ 是 n 个集合的笛卡尔积,其元素是所有可得到的 n 元组,形如:$(a_1, a_2, \cdots, a_n)$.

当笛卡尔积的所有运算分量均为 A 时,有:
$$A \times A = A^2,$$
$$\underbrace{A \times A \times \cdots \times A}_{n \text{ 个 } A} = A^n.$$

若 R 是 $A_1 \times A_2 \times \cdots \times A_n$ 的某一子集时,即

$$R \subseteq A_1 \times A_2 \times \cdots \times A_n,$$

则称 R 是 A_1,A_2,$\cdots$,A_n 的一个 n 元关系,$A_1 \times A_2 \times \cdots \times A_n$ 可记为 $\prod_{i=1}^{n} A_i$.

我们日常生活中常用的二维表格,可用 n 元关系来表示,并可用数据库的关系模型来描述数据间的关系. 是现在计算机应用中的主流数据库类型.

例 2-3 用户用电关系 R 如表 2-1 所示.

表 2-1 关系表

编号	姓名	上月读数	本月读数	用电量
YD100	赵正	201	252	51
YD101	钱伟	280	372	92
YD103	孙英	102	162	60
YD104	李才	364	484	120

表 2-1 是一个五元关系(共五列),每一行表示关系 R 中的一个元素,表中共有 4 个元素,还可以增、减其中的元素(即增、减相应的行).

定义 2-4 设 R 为 A 到 B 的二元关系,R 中所有有序偶的第一个元素构成的集合称为 R 的定义域,用 $D(R)$ 表示;R 中所有有序偶的第二个元素构成的集合称为值域,用 $V(R)$ 表示;A 称为 R 的前域;B 称为 R 的陪域.

一般情况是 $D(R) \subseteq A$,$V(R) \subseteq B$.

图 2-1 是定义 2-4 的图示.

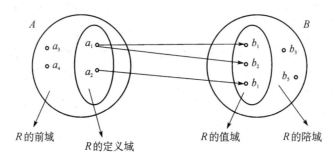

图 2-1

例 2-4 设 $A = \{1, 2, 3, 4\}$,$B = \{a, b, c, d, e\}$. $A \times B$ 上的关系 R 定义为:$R = \{(1, a), (1, c), (3, e), (4, b)\}$,求 $D(R)$,$V(R)$.

解:$D(R) = \{1, 3, 4\}$;$V(R) = \{a, b, c, e\}$.

分析:本题 R 的前域为:$\{1, 2, 3, 4\}$,陪域为 $\{a, b, c, d, e\}$. 题目 R 中的 4 个有序偶的第一个元素出现过 1、3、4,故 $D(R) = \{1, 3, 4\}$;第二个元素出现过 a, b, c, e,故 $V(R) = \{a, b, c, e\}$.

例 2-5 设 $A = \{2, 3, 4, 5, 6, 7, 8\}$,$R$ 是 A 上的二元关系,对于 A 中的元素 a, b,当 a 能整除 b 时,$(a, b) \in R$,求 R.

解:$R=\{(2,2),(3,3),(4,4),(5,5),(6,6),(7,7),(8,8),(2,4),(2,6),(2,8),(3,6),(4,8)\}$.

分析:是对 $A \times A$ 中的所有有序偶进行选取,将第 1 元素能整除第 2 元素的有序偶选入关系 R 表示的集合.

有限集的二元关系可以用图形表示:

在平面上用 n 个点分别表示集合 A 中元素 $a_1,a_2,\cdots,a_n$,在另一边用 m 个点分别表示集合 B 中的元素 $b_1,b_2,\cdots,b_m$. R 是 A 到 B 的二元关系,当 $(a_i,b_j) \in R$ 时,则从结点 a_i 到 b_j 画一条有向边,若 $(a_i,b_j) \notin R$,则不画边连接.

例 2-4 的关系图如图 2-2 所示.

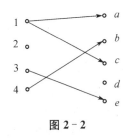

图 2-2

2.2 关系的性质

关系在计算机应用中使用广泛,非常重要,本节讨论二元关系的一些常用性质.

定义 2-5 设 R 是 A 上的一个二元关系,即 $R \subseteq A \times A$.

(1) 对每个 $a \in A$,有 $(a,a) \in R$,则称 R 是 A 上的自反关系;

(2) 对每个 $a \in A$,有 $(a,a) \notin R$,则称 R 是 A 的反自反关系;

(3) 对每个 $a,b \in A$,如果 $(a,b) \in R$,便有 $(b,a) \in R$,则称 R 是 A 上的对称关系;

(4) 对每个 $a,b \in A$,如果 $(a,b) \in R$ 并且 $(b,a) \in R$,便有 $a=b$,则称 R 是 A 上的反对称关系;此定义也可表述为:如果 $(a,b) \in R$,且 $a \neq b$,必有 $(b,a) \notin R$;

(5) 对每个 $a,b,c \in A$,如果 $(a,b) \in R$ 并且 $(b,c) \in R$,便有 $(a,c) \in R$,则称 R 是 A 上的传递关系;否则称为非传递关系.

注意:传递关系与非传递关系是非此即彼的;而(1)和(2)、(3)和(4)之间不是非此即彼的.

例 2-6 设有集合 $A=\{1,2,3\}$,令关系:

$R_1=\{(1,1),(2,2),(3,3),(1,2)\}$; $\qquad$ $R_2=\{(2,3),(3,2)\}$;

$R_3=\{(1,1),(2,2)\}$; $\qquad$ $R_4=\{(1,2),(2,1),(3,3)\}$;

$R_5=\{(1,2),(1,3)\}$; $\qquad$ $R_6=\{(1,2),(2,1),(1,3)\}$;

$R_7=\{(1,1),(2,2),(3,3),(2,3),(3,2)\}$.

其中 R_1 是自反的、反对称的、传递的;R_2 是反自反的、对称的、非传递的;R_3 既不是自反的,也不是反自反的,既是对称的,又是反对称的;R_4 是对称的,不是反对称的;R_5 不是对称的,是反对称的;R_6 既不是对称的,又不是反对称的;R_7 是自反的、对称的、传递的,不是反自反的,不是反对称的.

例2-7 设有整数集合 I,问 I 上的空关系、全关系、=、<及≤关系是否满足自反性、反自反性、对称性、反对称性和传递性?

解:将各关系列成表 2-2.

表 2-2   集合 I 的各种关系

	$\varnothing$	$I \times I$	=	<	≤
自反性	否	是	是	否	是
反自反性	是	否	否	是	否
对称性	是	是	是	否	否
反对称性	是	否	是	是	是
传递性	是	是	是	是	是

分析:(1) 对于 $I \times I$ 表示所有整数构成的有序偶均包含在内,任意的 $a \in I$,存 $(a, a) \in I \times I$,故是自反的,不是反自反的,对任意的整数 $a, b \in I$,有 $(a, b),(b, a) \in I \times I$,故是对称的,而 $(a, b),(b, a)$ 都在,不是反对称的,对任意的 $a, b, c \in I$,(a, b)、$(b, c) \in I \times I$,则一定有 $(a, c) \in I \times I$,故是传递的.

(2) "="等于关系表示有序偶 (a, b) 中 $a = b$,即 (a, a),而反自反中不能有 (a, a),故不是反自反的,对应的其他性质都是满足的.

(3) "<"小于关系有序偶 (a, b) 中 $a < b$,此时排除 $a = b$ 与 $b < a$,故不是自反,不是对称的,由于排除了所有的 $a = b$ 即 (a, a),故是反自反的;对排除了所有的 $b < a$ 即 (b, a),故是反对称的.

(4) "≤"小于等于关系表示有序偶 (a, b) 中 $a \leq b$,可以有 $a \leq a$ 即 (a, a),故不是反自反的;当 $a \neq b$ 时,有 (a, b),就没有 (b, a),故不是对称的.

上述各种关系中如果有 (a, b)、(b, c) 则一定有 (a, c),例如(3):如果有 $a < b, b < c$,则有 $a < c$,故均是传递的.

我们可以通过关系图来判别关系的性质,在关系图中,将集合中的相关元素分别用结点表示,关系中的有序偶,用第一元素指向第二元素的有向箭头表示.

(1) 若关系是自反的,则关系图中的每个结点均有环;

(2) 若关系是对称的,则关系图中任意两个结点间如有有向箭头边,必然方向相反地成对出现;

(3) 若关系是反自反的,则关系图中的每个结点都没有环;

(4) 若关系是反对称的,则关系图中两个不同结点间的有向箭头边不能成对出现.

2.3 关系的运算

关系是以集合来表示的,本书着重讨论的二元关系是以有序偶作为元素的集合,因而有关集合的并、交、差等运算也适用于关系,即运算结果是新产生的一个关系,另外关系还有一些相关运算.

定义 2-6　设关系 $R \subseteq A \times B$，R 关于 $A \times B$ 的补是集合 $\overline{R} = (A \times B) - R$.

例 2-8　若有 $R \subseteq \{1, 2, 3\} \times \{a, b, c\}$，$R = \{(1, a), (1, b), (2, b), (2, c), (3, a)\}$，求 $\overline{R}$.

解：$\overline{R} = \{(1, c), (2, a), (3, b), (3, c)\}$.

分析：此时先求出 $A \times B$，在其中先去掉与 R 相同的所有有序偶，余下的就是 $\overline{R}$.

定义 2-7　设关系 $R \subseteq A \times B$，则 R 的逆关系为

$$R^{-1} = \{(b, a) \mid (a, b) \in R\}.$$

注：由于 $\widetilde{R}$ 中的 R 是多个符号时不知道怎么打印出来，所以关系的逆统一使用符号 R^{-1}.

例 2-9　若有 $R = \{(a, b), (c, d), (a, d), (a, c)\}$，求 R^{-1}

解：$R^{-1} = \{(b, a), (d, c), (d, a), (c, a)\}$.

分析：将 R 中所有有序偶的第一个和第二个元素位置对换.

定理 2-1　设有关系 R、R_1、R_2 均为 A 到 B 的二元关系，则有下列等式成立：

(1) $(R^{-1})^{-1} = R$；　　　　　(2) $(R_1 \cap R_2)^{-1} = R_1^{-1} \cap R_2^{-1}$；

(3) $(R_1 \cup R_2)^{-1} = R_1^{-1} \cup R_2^{-1}$；　　(4) $(A \times B)^{-1} = B \times A$；

(5) $\overline{R}^{-1} = \overline{R^{-1}}$；　　　　　(6) $(R_1 - R_2)^{-1} = R_1^{-1} - R_2^{-1}$；

(7) 若有 $R_1 \subseteq R_2$，则 $R_1^{-1} \subseteq R_2^{-1}$；　(8) $\varnothing^{-1} = \varnothing$；

证明：(2) 令 $(a, b) \in (R_1 \cap R_2)^{-1} \Rightarrow (b, a) \in (R_1 \cap R_2)$

$$\Rightarrow (b, a) \in R_1 \text{ 且 } (b, a) \in R_2$$
$$\Rightarrow (a, b) \in R_1^{-1} \text{ 且 } (a, b) \in R_2^{-1}$$
$$\Rightarrow (a, b) \in R_1^{-1} \cap R_2^{-1},$$

故有 $(R_1 \cap R_2)^{-1} \subseteq R_1^{-1} \cap R_2^{-1}$.

反之，令 $(a, b) \in R_1^{-1} \cap R_2^{-1} \Rightarrow (a, b) \in R_1^{-1} \text{ 且 } (a, b) \in R_2^{-1}$

$$\Rightarrow (b, a) \in R_1 \text{ 且 } (b, a) \in R_2$$
$$\Rightarrow (b, a) \in R_1 \cap R_2$$
$$\Rightarrow (a, b) \in (R_1 \cap R_2)^{-1},$$

故有 $R_1^{-1} \cap R_2^{-1} \subseteq (R_1 \cap R_2)^{-1}$，所以 $(R_1 \cap R_2)^{-1} = R_1^{-1} \cap R_2^{-1}$.

证明：(3) 令 $(a, b) \in (R_1 \cup R_2)^{-1} \Leftrightarrow (b, a) \in R_1 \cup R_2$

$$\Leftrightarrow (b, a) \in R_1 \text{ 或 } (b, a) \in R_2$$
$$\Leftrightarrow (a, b) \in R_1^{-1} \text{ 或 } (a, b) \in R_2^{-1}$$
$$\Leftrightarrow (a, b) \in R_1^{-1} \cup R_2^{-1},$$

故有 $(R_1 \cup R_2)^{-1} = R_1^{-1} \cup R_2^{-1}$.

证明：(5) 令 $(a, b) \in \overline{R}^{-1} \Rightarrow (b, a) \in \overline{R} \Rightarrow (b, a) \notin R \Rightarrow (a, b) \notin R^{-1} \Rightarrow (a, b) \in \overline{R^{-1}}$，
故 $\overline{R}^{-1} \subseteq \overline{R^{-1}}$.

同理可得 $\overline{R^{-1}} \subseteq \overline{R}^{-1}$，所以有 $\overline{R}^{-1} = \overline{R^{-1}}$.

证明:(6) 因为 $R_1-R_2=R_1\bigcap\overline{R_2}$,所以

$$(R_1-R_2)^{-1}=(R_1\bigcap\overline{R_2})^{-1}=R_1^{-1}\bigcap\overline{R_2}^{-1}=R_1^{-1}-R_2^{-1}.$$

定义 2-8 设有 $R_1\subseteq A\times B,R_2\subseteq B\times C$,则 $R_1\circ R_2$ 称为 R_1 和 R_2 的复合运算,其表示为 $R_1\circ R_2=\{(a,c)|a\in A,c\in C,$且存在 $b\in B$ 使得 $(a,b)\in R_1$ 以及 $(b,c)\in R_2\}$.

$R_1\circ R_2$ 是 R_1 和 R_2 的复合关系,是 A 到 C 的关系,即 $R_1\circ R_2\subseteq A\times C$.

例 2-10 设关系

$$R_1=\{(a_1,b_2),(a_1,b_3),(a_2,b_1)\},$$

$$R_2=\{(b_2,c_1),(b_1,c_3),(b_4,c_4),(b_1,c_4)\},$$求 $R_1\circ R_2$

解:$R_1\circ R_2=\{(a_1,c_1),(a_2,c_3),(a_2,c_4)\}.$

分析:R_1 和 R_2 复合关系的示意图如图 2-3 所示.

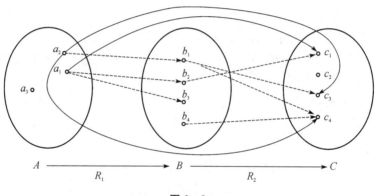

图 2-3

图中虚线箭头表示的有序偶,即相应元素的对应关系,实线箭头表示 $R_1\circ R_2$ 复合运算的结果,是通过连接过渡到的.也可通过复合运算的定义直接进行的.

图中实线是复合运算的直接结果,而虚线分别指 R_1 和 R_2.

定理 2-2 设 $R_1\subseteq A\times B,R_2\subseteq B\times C,R_3\subseteq C\times D$,则

$$R_1\circ(R_2\circ R_3)=(R_1\circ R_2)\circ R_3$$

复合运算满足结合律.证明略.

复合运算不满足交换律,即一般情况 $R_1\circ R_2\neq R_2\circ R_1$.

例 2-11 设 $A=\{1,2,3,4,5\},A$ 上的关系

$$R_1=\{(1,1),(1,2),(2,4)\},$$

$$R_2=\{(1,4),(2,3),(3,2)\},$$

求 $R_1\circ R_2$ 和 $R_2\circ R_1$.

解:$R_2\circ R_1=\{(1,4),(1,3)\},R_2\circ R_1=\{(3,4)\}.$

分析:不满足交换律,

$R_1\circ R_2$ 是用 R_1 中有序偶的第二元素与 R_2 中有序偶的第一元素相比较,如有相同,则用相应 R_1 有序偶的第一元素与 R_2 中有序偶的第二元素构成 $R_1\circ R_2$ 的有序偶,如$(1,2)$与

$(2,3)$得到$(1,3)$.

用 R^n 表示 R 的第 n 次幂(n 个 R 做复合运算).

定义 2-9 设 $R \subseteq A \times A$,则有 $R^0 = \{(a,a) | a \in A\} = E; R^{n+1} = R^n \circ R$.

定理 2-3 设 $R \subseteq A \times A, m, n \in N$,则(1) $R^m \circ R^n = R^{m+n}$;(2) $(R^m)^n = R^{m \cdot n}$.

如果有 $R_1 \subseteq A \times B, R_2 \subseteq B \times C, R_3 \subseteq B \times C$

则
$$R_1 \circ (R_2 \bigcup R_3) = (R_1 \circ R_2) \bigcup (R_1 \circ R_3)$$

$$R_1 \circ (R_2 \bigcap R_3) \subseteq (R_1 \circ R_2) \bigcap (R_1 \circ R_3)$$

即通常复合运算对并运算满足分配率,而对交运算则是包含($\subseteq$).

例 2-12 设 $R_1 = \{(1,2),(2,2),(3,1),(1,1)\}, R_2 = \{(2,3),(1,2),(1,1)\}, R_3 = \{(2,3),(2,1),(3,2),(3,1),(2,2)\}$,求:

(1) $R_1 \circ (R_2 \bigcap R_3)$;(2) $(R_1 \circ R_2) \bigcap (R_1 \circ R_3)$,并比较结果.

解:(1) $R_1 \circ (R_2 \bigcap R_3) = \{(1,2),(2,2),(3,1),(1,1)\} \circ \{(2,3)\}$
$$= \{(1,3),(2,3)\}$$

(2) $(R_1 \circ R_2) \bigcap (R_1 \circ R_3) = \{(1,3),(2,3),(3,2),(3,1),(1,2),(1,1)\} \bigcap \{(1,3),(1,1),(1,2),(2,3),(2,1),(2,2)\}$
$$= \{(1,3),(2,3),(1,2),(1,1)\}.$$

由计算可知:(1) $\neq$(2),但有(1)$\subseteq$(2)

分析:注意运算次序,(1) 是先做交运算,再做复合运算,(2) 是先分别做复合运算,再将两者的结果做交运算.

复合运算还可以通过关系的矩阵运算来进行.

设有限集合 $A = \{a_1, a_2, \cdots, a_m\}, B = \{b_1, b_2, \cdots, b_n\}, R$ 为 A 到 B 的一个二元关系,则对应于 R 的关系矩阵为:$M_R = [r_{ij}]_{m \times n}$,其中:$r_{ij} = \begin{cases} 1, & \text{当}(a_i, b_j) \in R, \\ 0, & \text{当}(a_i, b_j) \notin R. \end{cases}$

两个关系的复合运算,就是将相应的两个关系矩阵作布尔乘法,所得结果就是复合关系矩阵.

从 A 到 B 的关系 R_1 的关系矩阵为
$$M_{R_1} = (u_{ij}) \text{ 是 } m \times n \text{ 阶矩阵};$$

从 B 到 C 的关系 R_2 的关系矩阵为
$$M_{R_2} = (v_{ij}) \text{ 是 } n \times p \text{ 阶矩阵};$$

则从 A 到 C 的复合关系 $R_1 \circ R_2$ 的关系矩阵为
$$M_{R_1 \circ R_2} = (w_{ij}) \text{ 是 } m \times p \text{ 阶矩阵}.$$

$$w_{ij} = \bigvee_{k=1}^{n} (u_{ik} \wedge v_{kj}), (i = 1, 2, \cdots, p)$$

其中 $\bigvee$ 和 $\wedge$ 分别表示布尔运算的加法和乘法,布尔变量的两种取值 0 和 1 的运算为:

$$0 \vee 0 = 0, 0 \vee 1 = 1, 1 \vee 0 = 1, 1 \vee 1 = 1,$$

$$0 \wedge 0 = 0, 0 \wedge 1 = 0, 1 \wedge 0 = 0, 1 \wedge 1 = 1,$$

$$M_{R_1 \circ R_2} = M_{R_1} \circ M_{R_2}.$$

例 2-13　设集合 $A = \{1, 2, 3\}$，$B = \{1, 2, 3, 4, 5\}$，$C = \{1, 3, 4, 5\}$，A 到 B 的关系 $R_1 = \{(1, 2), (2, 4), (3, 5)\}$，$B$ 到 C 的关系 $R_2 = \{(2, 3), (3, 4), (4, 5), (5, 1)\}$．求：复合运算 $R_1 \circ R_2$ 的关系矩阵 $M_{R_1 \circ R_2}$ 及关系 $R_1 \circ R_2$．

解：
$$M_{R_1} = \begin{array}{c} \\ 1 \\ 2 \\ 3 \end{array} \begin{array}{c} 1\ \ 2\ \ 3\ \ 4\ \ 5 \\ \begin{bmatrix} 0 & 1 & 0 & 0 & 0 \\ 0 & 0 & 0 & 1 & 0 \\ 0 & 0 & 0 & 0 & 1 \end{bmatrix} \end{array}, \quad M_{R_1} = \begin{array}{c} \\ 1 \\ 2 \\ 3 \\ 4 \\ 5 \end{array} \begin{array}{c} 1\ \ 3\ \ 4\ \ 5 \\ \begin{bmatrix} 0 & 0 & 0 & 0 \\ 0 & 1 & 0 & 0 \\ 0 & 0 & 1 & 0 \\ 0 & 0 & 0 & 1 \\ 1 & 0 & 0 & 0 \end{bmatrix} \end{array},$$

$$M_{R_1 \circ R_2} = M_{R_1} \circ M_{R_2} = \begin{bmatrix} 0 & 1 & 0 & 0 & 0 \\ 0 & 0 & 0 & 1 & 0 \\ 0 & 0 & 0 & 0 & 1 \end{bmatrix} \circ \begin{bmatrix} 0 & 0 & 0 & 0 \\ 0 & 1 & 0 & 0 \\ 0 & 0 & 1 & 0 \\ 0 & 0 & 0 & 1 \\ 1 & 0 & 0 & 0 \end{bmatrix} = \begin{array}{c} \\ 1 \\ 2 \\ 3 \end{array} \begin{array}{c} 1\ \ 2\ \ 3\ \ 4 \\ \begin{bmatrix} 0 & 1 & 0 & 0 \\ 0 & 0 & 0 & 1 \\ 1 & 0 & 0 & 0 \end{bmatrix} \end{array}.$$

将此结果矩阵表示成关系的集合形式，即为

$$R_1 \circ R_2 = \{(1, 3), (2, 5), (3, 1)\}.$$

分析：R_1 的关系矩阵是 3×5 阶矩阵，即此时 $m = 3$，$n = 5$；R_2 的关系矩阵是 5×4 阶的，即 $n = 5$，$p = 4$；$R_1 \circ R_2$ 复合运算结果的矩阵是 3×4 阶的，即 $m = 3$，$p = 4$．

2.4　关系的闭包

如果要使某一关系具有某一性质（如自反性），那么可对 R 中的添加一些有序偶，而在添加时不想引入与此性质无关的有序偶，则引入闭包的概念，闭包是将 R 扩充成具有某种性质（如自反性）后的那些关系中最小的一个（即有序偶最少的那个关系）．我们常用的是自反，对称、传递三种闭包．

定义 2-10　设 $R \subseteq A \times A$，则 R 的自反（对称、传递）闭包 R' 满足以下三个条件：(1) R' 是自反的（对称的、传递的）；(2) $R \subseteq R'$；(3) 对任一自反（对称、传递）关系 R''，如果 $R \subseteq R''$，$R' \subseteq R''$．

R 的自反闭包、对称闭包和传递闭包分别记为 $r(R)$，$s(R)$ 和 $t(R)$．

可以通过定理来求相应的闭包．

定理 2-4　设 $R \subseteq A \times A$，则 $r(R) = R \cup E$，其中 $E = \{(a, a) \mid a \in A\}$ 为恒等关系．证明略．

定理 2-5　设 $R \subseteq A \times A$，则 $s(R) = R \cup R^{-1}$．证明略．

定理 2-6 设 $R \subseteq A \times A$, $|A| = n$, 则 $t(R) = \bigcup_{i=1}^{n} R^i$, 证明略.

此处 A 为有限集.

例 2-14

(1) $<$ 的自反闭包是 $\leqslant$;

(2) I 上 $\neq$ 的自反闭包是全关系 $I \times I$;

(3) $R = \varnothing$ 的自反闭包是恒等关系 E;

(4) 恒等关系 E 的对称闭包是 E;

(5) $\neq$ 的对称闭包是 $\neq$.

例 2-15 设 $A = \{1,2,3,4\}$, 其上的关系 $R = \{(1,2),(2,3),(3,4)\}$, 求 $r(R)$, $s(R)$, $t(R)$.

解: $r(R) = R \cup E = \{(1,1),(2,2),(3,3),(4,4),(1,2),(2,3),(3,4)\}$.

$\quad s(R) = R \cup R^{-1} = \{(1,2),(2,3),(3,4),(2,1),(3,2),(4,3)\}$.

$\quad R^2 = R \circ R = \{(1,3),(2,4)\}$,

$\quad R^3 = R^2 \circ R = \{(1,3),(2,4)\} \circ \{(1,2),(2,3),(3,4)\} = \{(1,4)\}$,

$\quad R^4 = R^3 \circ R = \varnothing$,

$\quad t(R) = R \cup R^2 \cup R^3 \cup R^4 = \{(1,2),(2,3),(3,4),(1,3),(2,4),(1,4)\}$.

分析: 可以直接利用上述定理, 注意求 $t(R)$ 时, 由于 $|A| = 4$, 即 A 有 4 个元素, 故要分别求出 R^2、R^3、R^4, 再做相关并运算.

例 2-16 设 $R \subseteq A \times A$, 试证 (1) $rs(R) = sr(R)$; (2) $rt(R) = tr(R)$; (3) $st(R) \subseteq ts(R)$, 其中 $rs(R)$ 表示 R 的对称闭包的自反闭包, 即先求对称闭包, 再求自反闭包, 上述其余表示均作类似理解.

证明: (1) $rs(R) = s(R) \cup E = R \cup R^{-1} \cup E = R \cup E \cup R^{-1} \cup E^{-1}$
$$= (R \cup E) \cup (R \cup E)^{-1} = s(R \cup E) = sr(R).$$

(2) $rt(R) = t(R) \cup E$, 则

$$tr(R) = t(R \cup E) = \bigcup_{i=1}^{n}(R \cup E)^i$$
$$= (R \cup E) \cup (R \cup E)^2 \cup \cdots \cup (R \cup E)^n$$
$$= R \cup E \cup R^2 \cup R^3 \cdots \cup R^n$$
$$= t(R) \cup E = r(t(R)) = rt(R).$$

(3) 由于 $s(R) = R \cup R^{-1} \supseteq R$, 故 $ts(R) \supseteq t(R)$.

$sts(R) \supseteq st(R)$, 而 $ts(R)$ 是对称的, 即 $sts(R) = ts(R)$ (对称关系再取对称是相等的), 所以有 $ts(R) \supseteq st(R)$.

分析: 根据上述闭包运算的定义和定理来证, 注意 (2) 中是做 $(R \cup E)$ 的传递闭包, 而多个 E 做并运算, 只要并一个 E 即可.

2.5 等价关系与划分

等价关系是具有特定性质的一类关系, 它在离散结构中很重要.

定义 2-11　若 R 为定义在集合 A 上的一个关系，$R \subseteq A \times A$，如果 R 是自反的、对称的和传递的，则称 R 为等价关系.

例如，姓氏相同关系是等价关系.

例 2-17　设 $R_1 \subseteq A \times A$，$R_2 \subseteq A \times A$ 是两个等价关系，试证明 $R_1 \cap R_2$ 也是一个等价关系.

证明：(1) 自反性：对任意 $a \in A$，有 $(a,a) \in R_1$ 并且 $(a,a) \in R_2$，故 $(a,a) \in R_1 \cap R_2$.

(2) 对称性：对任意 $a,b \in A$，如果 $(a,b) \in R_1$，则有 $(b,a) \in R_1$，即 $(a,b) \in R_1 \Rightarrow (b,a) \in R_1$，同理 $(a,b) \in R_2 \Rightarrow (b,a) \in R_2$，故 $\Rightarrow (a,b) \in R_1$ 且 $(a,b) \in R_2 \Rightarrow (b,a) \in R_1$ 且 $(b,a) \in R_2$，即 $(a,b) \in R_1 \cap R_2 \Rightarrow (b,a) \in R_1 \cap R_2$.

(3) 传递性：对任意 $a,b,c \in A$，因为 $(a,b) \in R_1$ 且 $(b,c) \in R_1 \Rightarrow (a,c) \in R_1$；$(a,b) \in R_2$ 且 $(b,c) \in R_2 \Rightarrow (a,c) \in R_2$，所以 $(a,b) \in R_1$ 且 $(b,c) \in R_1$ 且 $(a,b) \in R_2$ 且 $(b,c) \in R_2 \Rightarrow (a,c) \in R_1$ 且 $(a,c) \in R_2$，即 $(a,b) \in R_1 \cap R_2$ 且 $(b,c) \in R_1 \cap R_2 \Rightarrow (a,c) \in R_1 \cap R_2$.

分析：针对某一关系要证其等价性，必须从自反、对称、传递三个方面分别证明；本题条件中均为等价关系，故它们分别满足自反、对称、传递、而由定义可知 $R_1 \cap R_2$ 是由 R_1 和 R_2 共同元素组成的集合，故也同时满足自反、对称、传递三个性质.

定义 2-12　设有整数集合 I，对整数 $m > 1$ 及整数 x 和 y，如果 $(x-y)$ 能被 m 整除，则 x 和 y 是按模 m 同余的，记作：

$$x \equiv y (\mathrm{mod}\, m)$$

例如：$m = 5$，$17 \equiv 2 (\mathrm{mod}\, 5)$.

17 和 2 是按模 5 同余的，5 能整除 $(17-2)$.

定理 2-7　按模 m 同余是等价关系.

证明：此处用 $(x-y)/m$ 表示 $(x-y)$ 被 m 整除.

(1) 自反性：对每个 $x \in I$，$(x-x)/m$，所以 $x \equiv x (\mathrm{mod}\, m)$；

(2) 对称性：假定 $x \equiv y (\mathrm{mod}\, m)$，故 $(x-y)/m$，$y-x = -(x-y)$，所以 $(y-x)/m$，即有 $y \equiv x (\mathrm{mod}\, m)$；

(3) 传递性：假定 $x \equiv y (\mathrm{mod}\, m)$ 并且 $y \equiv z (\mathrm{mod}\, m)$，所以 $(x-y)/m$ 并且 $(y-z)/m$，而 $x-z = (x-y) + (y-z)$，故 $(x-z)/m$，即有 $x \equiv z (\mathrm{mod}\, m)$.

定义 2-13　一个非空集合 A 的一个划分 P 是 A 的 n 个非空子集的集合，它满足下列两个条件：(1) 对所有 $S_i, S_j \in P$ 且 $i \leqslant n, j \leqslant n$，如果 $S_i \neq S_j$，则有 $S_i \cap S_j = \varnothing$；(2) $\bigcup\limits_{i=1}^{n} S_i = A$. 其中，每个 S_i 称为划分 P 的块.

实际上划分是将一个集合 A 像切饼一样切成若干块（子集），把每个块作为一个元素来构造一个新的集合（划分），但要注意这些块是两两不相交的，但 A 中的任一元素必须属于某一块.

图 2-4 是四个块的划分图. 即把一个集合 A 划分为四个子集，p 是由四个子集作为元素构成的集合.

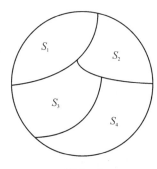

图 2-4

例 2-18 设 $A=\{a, b, c, d, e\}$,问下列子集的集合哪些是划分?

$P_1=\{\{a\},\{b\},\{c\},\{d,e\}\}$, $P_2=\{\{a,b,c\},\{d,e\}\}$,

$P_3=\{\{c\},\{a,b,d,e\}\}$, $P_4=\{\{a,c\},\{d\},\{e\}\}$,

$P_5=\{\{a,b\},\{a,c,d\},\{e\}\}$.

解:P_1,P_2,P_3 是划分;P_4 的三个块中都不含 b,故 P_4 不是划分;P_5 中 $\{a,b\}\bigcap\{a,c,d\} \neq\varnothing$,故 P_5 也不是划分.

分析:各子集里出现了 A 中的所有元素,并且仅在某子集出现一次.

定义 2-14 设 R 为集合 A 上的一个等价关系,对每个元素 $a\in A$,a 关于 R 的等价类是 A 的一个子集,表示如下:

$$[a]_R=\{x \mid x\in A \text{ 且 } xRa\},$$

其中 xRa 表示 x 和 a 具有关系 R,即 (x,a)、$(a,x)\in R$ 或 $(x,a)\in R$,(a,x) 均属于 R.

定义 2-15 集合 A 上的等价关系 R 的所有等价类构成的集合 $\{[a]_R \mid a\in A\}$ 称作 A 关于 R 的商集,表示为

$$A/R=\{[a]_R \mid a\in A\}.$$

定理 2-8 集合 A 上的等价关系 R,其商集 A/R 确定了 A 的一个划分.

定理 2-9 集合 A 上的一个划分确定 A 的元素间的一个等价关系.

例 2-19 设 $A=\{1,2,3,4,5\}$ 的一个划分为:$S=\{\{1,2\},\{3,4\},\{5\}\}$,求由 S 确定的 A 上的等价关系 R.

解:$R=\{\{1,2\}\times\{1,2\}\}\bigcup\{\{3,4\}\times\{3,4\}\}\bigcup\{\{5\}\times\{5\}\}$

$\quad\ =\{(1,1),(1,2),(2,1),(2,2),(3,3),(3,4),(4,3),(4,4),(5,5)\}$.

分析:将 S 中所有子集各自做笛卡尔乘积,再做并运算.

定理 2-10 设 R 是 A 上的一个等价关系,则有:(1) 对每个元素 $a\in A$,有 $a\in[a]_R$;
(2) $[a]_R=[b]_R$ 当且仅当 $(a,b)\in R$;(3) $[a]_R\neq[b]_R$,则 $[a]_R\bigcap[b]_R=\varnothing$.

证明:(1) 因为 R 是自反的,对每个 $a\in A$ 均有 $(a,a)\in R$,所以 $a\in[a]_R$.

(2) 如果 $[a]_R=[b]_R$,由(1)$b\in[b]_R=[a]_R$,故有 $(a,b)\in R$;另一方面,假定 $(a,b)\in R$,令 $x\in[b]_R$,于是 $(b,x)\in R$,由 R 的传递性得到 $(a,x)\in R$,即 $x\in[a]_R$,则 $[b]_R\subseteq[a]_R$;又因为 R 是对称的,所以 $(b,a)\in R$,令 $x\in[a]_R$,于是 $(a,x)\in R$,所以 $(b,x)\in R$,即 $x\in[b]_R$,则

$[a]_R\subseteq[b]_R$,因此有$[a]_R=[b]_R$.

(3) 通过说明等价的矛盾命题:如果$[a]_R\bigcap[b]_R\neq\varnothing$,则$[a]_R=[b]_R$来证明.如果$[a]_R\bigcap[b]_R\neq\varnothing$,则必有$x\in[a]_R\bigcap[b]_R$,因此$(a,x)\in R$并且$(b,x)\in R$,由$R$的对称性,得$(x,b)\in R$,再由$R$的传递性,得$(a,b)\in R$,再由(2)得$[a]_R=[b]_R$.证毕.

A中的每个元素均属于它的等价类,具有相同关系的元素在同一类;不同的等价类是两两分离的.

各等价类中的元素并在一起就是A,即有等式

$$\bigcup_{x\in A}[x]_R=A.$$

例 2-20 设有 $A=\{a,b,c,d\}$,$R=\{(a,a),(b,b),(c,c),(d,d),(a,c),(b,d),(c,a),(d,b)\}$是$A$上的一个等价关系,求它的等价类。

解: $$[a]_R=\{a,c\},\quad [b]_R=\{b,d\},$$
$$[c]_R=\{c,a\},\quad [d]_R=\{d,b\},$$

分析:观察R中的各有序偶,将相互间构成有序偶的那些元素归到对应的等价类中,比如找b元素的等价类时,R中有(b,d),没有b与a或c构成的有序偶,故b与d在同一等价类中.

其中有$[a]_R=[c]_R$,$[b]_R=[d]_R$,故$\{[a]_R,[b]_R\}$是A的一个划分.

2.6 相容关系与覆盖

定义 2-15 设R是A上的二元关系,如果R是自反的和对称的,则称R是A上的相容关系.

实际上等价关系是相容关系的一种特例,即具有传递性的相容关系.

定义 2-16 设R是A上的相容关系,B是A的子集,而且在B中任意两个元素都有相容关系,则称B是由相容关系R产生的相容类.

例 2-21 设 $A=\{acd,cde,bfe,cdf,cdg,abh\}$,$A$上的二元关系$R$定义为:$x,y\in A$,且$x$和$y$至少有一个字母相同,则$(x,y)\in R$,试找出两个以上的相容类.

解:根据题意,此关系R为相容关系(满足自反、对称)相容类是A的子集:$\{acd,cdf,cdg\}$,$\{bfe,cde\}$,$\{acd,abh\}$是其中三个相容类(有很多相容类)

定义 2-17 设R是A上的相容关系,A的子集B称为R的最大相容类需要满足下列条件:

(1) 任一$x\in B$,都与B中所有其他元素有相容关系;

(2) $A-B$中没有一个元素能与B中的任何元素都具有相容关系.

对于例2-21中的前两个相容类均可以加入新的元素构成新的相容类,比如在$\{acd,cdf,cdg\}$中加入新元素cde,得到一个新的相容类:$\{acd,cdf,cdg,cde\}$;但对于第三个相容类$\{acd,abh\}$加入任意一个新元素就不是相容类了,它是最大相容类.

定义 2-18　设 R 是 A 上的一个相容关系,它的最相容类的集合称为 A 的完全覆盖.

例如,有一相容关系 R 的最大相容类为 $\{a, b, c\}$、$\{b, c, d\}$,则其完全覆盖是 $\{\{a, b, c\}, \{b, c, d\}\}$.

与划分不同的是某个元素可能出现在不同的最大相容类中,如上述的 b, c,而与划分相关的不同等价类中不能有相同元素,即某个元素只属于唯一的等价类.

定理 2-11　每个相容关系 R 唯一地定义一个完全覆盖.

2.7　偏序关系

定义 2-19　如果集合 A 上的关系 R 是自反的、反对称的和传递的,则称 R 是 A 上的一个偏序关系,集合 A 是关于 R 的偏序集,用 (A, R) 或 $(A, \leqslant)$ 表示.

偏序关系常用符号 $\leqslant$ 表示,对于 $a \leqslant b$ 读作"a 在 b 前",特殊地,$a < b$ 表示 $a \leqslant b$ 并且 $a \neq b$.

注意:这里"$\leqslant$"表示偏序关系,不要与小于等于混淆.

例 2-22　证明在整数集 I 上,大于等于关系"$\geqslant$"是偏序关系.

证明:(1) 对任意整数 a,都有 $a \geqslant a$,故 $\geqslant$ 在整数集上是自反的;

(2) 如果对任意整数 a, b,有 $a \geqslant b$, $b \geqslant a$,则在整数集上必有 $a = b$,那么 $\geqslant$ 在整数集上是反对称的;

(3) 对任意实数 a, b, c,如果 $a \geqslant b$, $b \geqslant c$,则在整数集上必有 $a \geqslant c$,故 $\geqslant$ 在整数集上是传递的.

根据(1)~(3)得:$\geqslant$ 在整数集上是偏序关系,即 $(I, \geqslant)$ 是个偏序集.

分析:针对整数集 I 特指的"$\geqslant$"大于等于关系,分别证出其自反、反对称和传递,以说明是一个偏序关系.

定义 2-20　设偏序集 $(A, \leqslant)$ 对任意元素 a, $b \in A$,如果 $a \leqslant b$ 或 $b \leqslant a$,则称 a 和 b 是可比的,否则称 a 和 b 是不可比的.

定义 2-21　如果偏序集 A 中的每对元素 a 和 b,必有 $a \leqslant b$ 或 $b \leqslant a$,则称 $\leqslant$ 是 A 上的全序关系(或线性次序关系),称 $(A, \leqslant)$ 为全序集.

例如,字典次序是全序的(线性次序的).

注意:全序是偏序的一种特殊情况,在实际应用中常会出现.

常用哈斯图来表示有限偏序集,其画法如下:

对偏序集 $(A, \leqslant)$,A 中每个元素用点表示;对于 a, $b \in A$,如果 $b \leqslant a$ 且不存在 $c \in A$,使得 $b \leqslant c$ 且 $c \leqslant a$,则 a 和 b 用一直线连接,并将 a 画在 b 的上方(称 a 盖住 b);对表示自反性的环在图中省略不画.

例 2-23　设 $A = \{a, b, c, d\}$,有关系 $R = \{(a, a), (b, b), (c, c), (d, d), (a, b), (a, c), (a, d), (b, d)\}$,求 (A, R) 的关系图和哈斯图.

解:(A, R) 的关系图和哈斯图如图 2-5 所示.

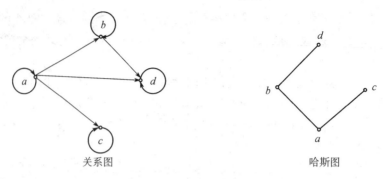

图 2-5

分析：上述哈斯图中 a 到 b 无连线，是因为(a,b)，(b,d)中间有 b 过渡.b,d 均在 a 之上.

例 2-24 设 $A=\{2,3,6,12,24,36\}$上的偏序关系是整除关系，画出哈斯图.

解：哈斯图如图 2-6 所示.

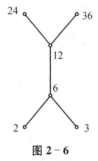

图 2-6

分析：虽然 6 和 36 满足整除关系，但有 12 存在，故 6 和 36 没有直接的连线，6 和 36 的关系体现在图中有连线可以达到，其余元素之间的关系类似.

例 2-25 设 $A=\{1,2\}$，其幂集 $\rho(A)$ 上的偏序关系$\leqslant$是包含关系$\subseteq$，画出偏序集$(\rho(A),\leqslant)$的哈斯图.

解：哈斯图如图 2-7 所示.

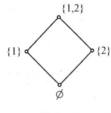

图 2-7

分析：先求出 $\rho(A)$ 的四个元素，有包含（偏序）关系的元素之间有从上到下的连线相连接如$\{1,2\}$与$\{2\}$、$\{1,2\}$与$\{1\}$；图中$\{1\}$和$\{2\}$之间没有包含关系，故它们没有从上到下的线连接，它们在同一层上.

定义 2-22 设 x 和 y 是$(A,\leqslant)$中的任意两个元素，对一个元素 $a\in A$，如果 $a\leqslant x,a\leqslant y$，且对任何 $a'\in A$，有 $a'\leqslant x$ 且 $a'\leqslant y\Rightarrow a'\leqslant a$，则称 a 是 x 和 y 的最大下界，记为 $\mathrm{glb}(x,y)=a$.

定义 2 - 23　设 x 和 y 是 $(A, \leqslant)$ 中的任意两个元素,对一个元素 $b \in A$,如果 $x \leqslant b, y \leqslant b$,而且对任何 $b' \in A$,有 $x \leqslant b'$ 且 $y \leqslant b' \Rightarrow b \leqslant b'$,则称 b 是 x 和 y 的最小上界,记为 $\mathrm{lub}(x, y) = b$.

例如,R 是正整数集合 I_+ 上的整除关系,a 和 b 的最小上界就是 a 和 b 的最小公倍数;a 和 b 的最大下界就是 a 和 b 的最大公约数.

但并非任意两个元素一定存在最小上界和最大下界,图 2 - 8 表示一个偏序集的哈斯图,其中 b, c 的最小上界为 a;d, e 的最大下界为 f;但是 b, c 的最大下界和 d, e 的最小上界不存在.

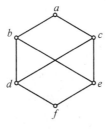

图 2 - 8

定理 2 - 12　设 x 和 y 是 $(A, \leqslant)$ 中的两个元素,如果 x 和 y 有最大下界 glb,则此 glb 是唯一的;如果 x 和 y 有一个最小的上界 lub,则此 lub 是唯一的.

证明:设 x 和 y 有两个最小上界 a_1, a_2,即

$$\mathrm{lub}(x, y) = a_1, \mathrm{lub}(x, y) = a_2.$$

由定义:$x \leqslant a_1, y \leqslant a_1, x \leqslant a_2, y \leqslant a_2, a_1 \leqslant a_2, a_2 \leqslant a_1$,由反对称性得:$a_1 = a_2$.

对最大下界的唯一性可以类似证明.

定理 2 - 24　设 $(A, \leqslant)$ 是偏序集并且 a 是 A 中的一个元素,如果 A 中没有其他元素 x,使得 $a \leqslant x$,则称 a 为 A 中的极大元;若 b 是 A 中的一个元素,如果 A 中没有其他元素,使得 $x \leqslant b$,则称 b 为 A 中的极小元.

极大元和极小元未必唯一.

例如,集合 $A = \{2, 3, 4, 6, 8\}$ 上的整除关系是偏序关系,则 6 和 8 是 A 的极大元,2 和 3 是 A 的极小元.

定义 2 - 25　设 $(A, \leqslant)$ 是偏序集,如果 A 中存在元素 a,使得 A 中任意元素 x 都有 $x \leqslant a$,则称 a 是 A 中的最大元;如果 A 中存在元素 b,使得 A 中任意元素 x 都有 $b \leqslant x$,则称 b 是 A 中的最小元.

例如,$A = \{1, 2, 3, 6\}$,$\leqslant$ 是 A 上的整除关系,则元素 1 是 A 的最小元,元素 6 是 A 的最大元.

在 $(A, \leqslant)$ 中不一定存在最大元或最小元.

例如,$A = \{2, 3, 4, 6, 8\}$,$\leqslant$ 是其整除关系,则 A 中既无最大元,也无最小元.

定理 2 - 13　设 $(A, \leqslant)$ 是偏序集,若存在最大(最小)元,则必是唯一的.

证明:假定 a_1 和 a_2 都是 A 的最小元,则 $a_1 \leqslant a_2$ 和 $a_2 \leqslant a_1$,根据偏序的反对称性,得

$$a_1 = a_2.$$

同理可证 A 的最大元也是唯一的.

例 2-26　判定图 2-9 中有无极大元、极小元、最大元、最小元.

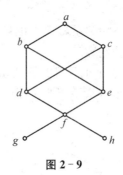

图 2-9

分析:g,h 之下没有元素了,故它们是极小元,a 之上没有元素了,故它是极大元;由于 a 在图中与其他元素 x 均有 $x \leqslant a$,故 a 是最大元;而找不到一个与其他任何元素比较均可排在最下面的元素,g 和 h 虽然在最下层,但 g 和 h 之间无法比出最小元,故此题无最小元.

解:有极小元 g 和 h,极大元为 a,最大元为 a,没有最小元.

小　结

有序偶(二元)、n 元组的概念,强调元素间的顺序,笛卡尔积 $A \times B$ 是所有有序偶的集合,可以推广到 n 元组 $A_1 \times A_2 \times \cdots \times A_n$. 二元关系 R 是 $A \times B$ 的子集,实际意义是指两个元素(事物)之间具有的特定关系.

空关系、全关系、恒等关系、补关系、逆关系.

关系图的构造、关系的矩阵表示.

关系的定义域和值域、前域和陪域的概念.

二元关系的某些特殊性质,自反性、反自反性、对称性、反对称性和传递性、非传递性,它们在关系图和关系矩阵中的特征.

复合关系很重要,复合运算的本质及图示要记住.

关系的闭包定义及算法,$r(R) = R \cup E_A, s(R) = R \cup R^{-1}, t(R) = \bigcup\limits_{i=1}^{n} R^i (n = |A|)$.

等价关系和划分可相互唯一确定(构成一一对应关系).

相容关系和覆盖可相互唯一确定(构成一一对应关系).

等价类、等价类的集合 $\{[a] | a \in A\}$ 所构成的 A 关于 R 的商集 A/R.

偏序关系 $(A, \leqslant)$ 表示集合 A 关于 $R(\leqslant)$ 的偏序集.

偏序集的极大元、极小元、最大元、最小元、最大下界、最小上界的判定.

哈斯图用图形来表示偏序集,描述了集合中元素间的层次关系.

习   题

1. 设 $A=\{1,2\}$，$B=\{a,b,c,d\}$，$C=\{c,d,e\}$ 求：(1) $A\times B$；(2) $B\times A$；(3) $A^2\times B$；(4) $A\times(B-C)$.

2. 设 $A=\{1,a,b\}$，$B=\{2,b,3\}$，求 $A\cup B$ 的恒等关系.

3. 集合 $A=\{1,2,\cdots,20\}$ 上的关系 $R=\{(x,y)\mid x+y=20$ 且 $x,y\in A\}$，则 R 的性质满足下列哪个选项？

    A. 自反的   B. 反自反的、传递的

    C. 对称的   D. 传递的、对称的

4. 设 $A=\{\{a,\{b,c\}\}\}$，$B=\{\varnothing,\{\varnothing\}\}$，求 (1) $\rho(A)$；(2) $\rho(B)$；(3) $A\times B$.

5. 对任意的集合 A,B,C，证明：

(1) $A\times(B\cup C)=(A\times B)\cup(A\times C)$；

(2) $A\times(B\cap C)=(A\times B)\cap(A\times C)$；

(3) $A\times B=B\times A$ 当且仅当 $A=\varnothing$ 或 $B=\varnothing$ 或 $A=B$.

6. 设 $A=\{a,b,c\}$ 上的关系 $R=\{(a,a),(a,b),(a,c),(c,c)\}$，问 R 是否具有自反、反自反、对称、反对称、传递性？

7. 集合中的包含关系 $\subseteq$ 是否具有自反、反自反、对称、反对称、传递性？

8. 已知 $R=\{(a,b),(c,d),(b,b)\}$，$S=\{(d,b),(b,e),(c,a)\}$ 求 $R\circ S$，$S\circ R$，$R\circ R$.

9. 设 A,B,C,D 是任意四个集合，证明下式成立：

$$(A\cap B)\times(C\cap D)=(A\times C)\cap(B\times D)$$

10. 设 R,S 是 A 上的传递关系，证明 $R\cap S$ 也是传递关系.

11. 设 R,S 是 A 上的任意关系，对下列说法若为真，给予证明；若为假，举例说明.

(1) 若 R 和 S 是自反的，则 $R\circ S$ 也是自反的；

(2) 若 R 和 S 是反自反的，则 $R\circ S$ 也是反自反的；

(3) 若 R 和 S 是对称的，则 $R\circ S$ 也是对称的.

(4) 若 R 和 S 是传递的，则 $R\circ S$ 也是传递的.

12. 设 $A=\{1,2,3\}$，$R=\{(1,2),(2,1),(1,3),(1,1)\}$ 求 $r(R),s(R),t(R)$.

13. 集合 $A=\{a,b,c,d\}$ 上的关系 $R=\{(a,a),(a,c),(b,b),(c,a),(c,c),(c,d),(d,c),(d,d)\}$，写出关系 R 的关系矩阵，画出关系图并讨论 R 的性质.

14. 设 $A=\{0,1,2\}$ 到 $B=\{0,2,4\}$ 的关系为：$R=\{(a,b)\mid a,b\in A\cap B\}$，求 $\overline{R}$，$\widetilde{R}$，$M_{\widetilde{R}}$.

15. 设集合 $A=\{a,b,c\}$ 上关系 R 的关系图如下，求 $r(R),s(R),t(R)$.

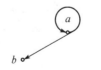

16. 设 R 和 S 是集合 A 上的关系且 $R \subseteq S$,证明:

(1) $r(R) \subseteq r(S)$;

(2) $s(R) \subseteq s(S)$;

(3) $t(R) \subseteq t(S)$.

17. 设 R 和 S 是 A 上的关系,证明:

(1) $r(R \cup S) = r(R) \cup r(S)$;

(2) $s(R \cup S) = s(R) \cup s(S)$;

(3) $t(R \cup S) \supseteq t(R) \cup t(S)$.

18. 证明:(1) 若 R 是自反的,则 $s(R)$ 和 $t(R)$ 也是自反的;

(2) 若 R 是对称的,则 $r(R)$ 和 $t(R)$ 也是对称的;

(2) 若 R 是传递的,则 $r(R)$ 也是传递的.

19. 设 R 和 S 均为集合 A 上的自反、对称、传递关系,则 $R \cap S$ 的自反、对称、传递闭包分别是什么? 为什么?

20. 设 R 是 A 上的二元关系,证明 R 是反自反的当且仅当 $E \cap R = \varnothing$.

21. 设 R 和 S 是非空集合 A 上的等价关系,对下列各式举反例说明它们不是 A 上的等价关系.

(1) $(A \times A) - R$;(2) $R - S$;(3) $r(R - S)$.

22. 证明:如果 R 是集合 A 上的等价关系,则 R 的逆关系也是 A 上的等价关系.

23. 集合 $A = \{a, b, c\}$ 有多少个不同的划分? A 中有多少个不同的等价关系?

24. 设 R 是集合 $A = \{1,2,3,4,5,6\}$ 上的等价关系,$R = \{(1,1),(1,5),(2,2),(2,3),(2,6),(3,2),(3,3),(3,6),(4,4),(5,1),(5,5),(6,2),(6,3),(6,6)\}$,求 R 的等价类.

25. 设有人名集合 $A = \{$赵一、钱二、孙三、赵大、钱三、孙小、李甲、李乙、李丙、张三$\}$,A 上的同姓关系为 R,求等价类赵、钱、孙、李、张和商集 A/R.

26. 设 $A = \{1,2,3,4,5\}$ 上的关系 R 为:

$R = \{(1,1),(2,1),(2,2),(4,5),(1,2),(4,4),(5,4),(3,3),(5,5)\}$,若是等价关系,则写出 A 中每个元素生成的等价类.

27. 设 R 是一个二元关系,$S = \{(a,b) |$ 对于某一 c,有 $(a,c) \in R$ 且 $(c,b) \in R\}$,证明若 R 是一个等价关系,则 S 也是一个等价关系.

28. 根据下图找出等价类.

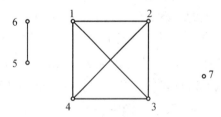

29. 关系 $A = \{1,2,3,4,5,6,7\}$ 上的一个相容关系如下图所示,试求其最大相容类.

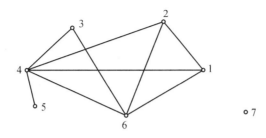

30. 设 R 是 A 上的二元关系,证明 $P=E_A \cup R \cup \tilde{R}$ 是 A 上的相容关系.

31. 若 R 和 S 是 A 上的相容关系,证明 $R \cup S$ 和 $R \cap S$ 均是 A 上的相容关系.

32. 设 $A=\{a,b,c\}$ 的幂集为 $\rho(A)$,在 $\rho(A)$ 上的二元关系 R 为包含关系,$R=\{(x,y) \mid x,y \in \rho(A)$ 并且 $x \subseteq y\}$,证明 $(\rho(A),\subseteq)$ 是偏序集.

33. 设集合 $A=\{a,b,c,d,e\}$ 上的偏序关系如下图所示,找出 A 的最大元、最小元、极大元、极小元.

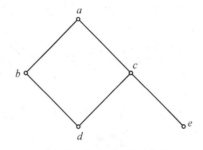

34. 给出含有三个元素的所有不同的偏序集的哈斯图.

35. D_{36} 表示能整除 36 的所有因子的集合,即 $D_{36}=\{1,2,3,4,6,9,12,18,36\}$,在此定义关系为整除关系 $\leqslant$,判定 $(D_{36},\leqslant)$ 是否偏序集,若是,画出哈斯图.

36. 设 $A=\{1,2,3,4,6,8,9,12,18,24\}$,其上的关系是 x 整除 y,画出其哈斯图.

第 3 章

函　　数

函数(或称映射)是一个基本的数学概念,我们这里将函数看作一种特殊的二元关系,它的定义域和值域是普通的集合,把函数的概念推广到对离散量的讨论.

3.1　函数的基本概念

定义 3-1　设有任意集合 A 和 B,f 是 A 到 B 的一个关系,如果对于每一个 $a \in A$,有唯一的 $b \in B$,使得 $(a,b) \in f$,则称关系 f 为函数(或称映射).记为:

$$f:A \to B \quad 或 \quad f(a) = b.$$

$a \in A$ 称为像源,$b \in B$ 称为 a 在函数 f 作用下的像,A 称为 f 的定义域,B 称为 f 的陪域.

图 3-1 所示为函数的图形表示,直观地展示了函数的概念.

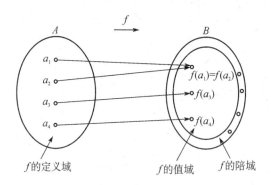

图 3-1

特别要注意的是函数的以下两个方面:

(1) 函数的定义域是 A,而不可以是 A 的真子集,也就是说 A 中的每个元素均出现在有序偶中,并作为有序偶的第一个元素.

(2) 如果 $f(a) = b$ 而且 $f(a) = c$,则 $b = c$,即一个 a 只能对应唯一的 b,但一个 b 可以有

若干个 A 中的元素对应.A 中元素与 B 中元素的对应关系可以一对一,也可以多对一,但不可以一对多.

例3-1 设 $A=\{1,2,3,4,5\}$,$B=\{a,b,c,d,e,f\}$,$f=\{(1,a),(2,c),(3,d),(4,a),(5,e)\}$,求其定义域、值域及 $f(A)$.

解:定义域是 A,即 $\{1,2,3,4,5\}$.值域是 B 的子集 $\{a,c,d,e\}$.

$$f(1)=a,f(2)=c,f(3)=d,f(4)=a,f(5)=e.$$

例3-2 关系 $R=\{(a,b)|a,b\in N$ 并且 $a+b<8\}$,问 R 是否构成函数?

解:不能构成函数,a 和 b 有一对多的情况,例如 $(1,1)$,$(1,2)$,$(1,3)$ 等.

3.2 特殊函数

定义3-2 设 $f:A\to B$ 是函数,

(1) 若对任意的 a_i,$a_j\in A$,并且 $a_i\neq a_j$,必有 $f(a_i)\neq f(a_j)$(或者 $f(a_i)=f(a_j)$ 可以推出 $a_i=a_j$),则称 f 为一对一映射或入射,否则称为多对一映射.

(2) 若 $f(A)=B$,则称 f 是满射;若 $f(A)\subseteq B$,则称 f 是内射;

(3) 若 f 既是一对一映射又是满射,则称 f 是一一对应映射或双射.

图 3-2 是几种映射的图形示例.

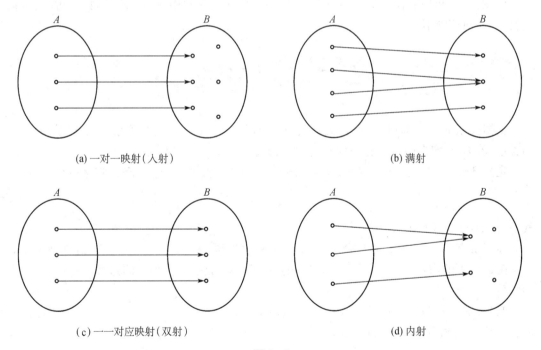

(a) 一对一映射(入射)　　　(b) 满射

(c) 一一对应映射(双射)　　　(d) 内射

图 3-2

图中(a)也是一种内射.

例3-3 f_1 如图 3-3 所示,判断 f_1,f_2,f_3,f_4,f_5,f_6 是否为函数,若是指出它们是否

是特殊函数？为什么？

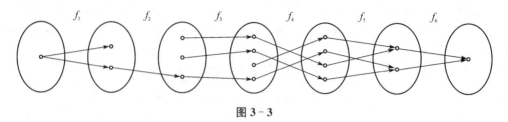

图 3 - 3

解：f_1 不是函数，因为有一对多情况出现；

f_2 不是函数，因为定义域中有元素未与值域中元素建立对应关系；

f_3 是一对一映射；

f_4 是一一对应映射（双射）；

f_5 是满射；

f_6 是内射.

例 3 - 4 设 $A=\{1,2,3,4,5\}$，$B=\{6,7,8,9,10\}$，有映射 $f=\{(1,8),(3,9),(4,10),(2,6),(5,9)\}$，请指出这是什么样的映射.

解：f 不是一对一映射，因为有 $f(3)=f(5)=9$；

f 也不是满射，因为 B 中元素 7 无 A 中的对应元素；

f 是内射，$f(A)=\{6,8,9,10\}$.

注意：函数和映射在这里是同一个概念，上述特殊情况常用映射来表达，如一对一映射、满射、一一对应映射.

3.3　函数的复合

根据关系的复合可知：若有关系 R 为 $A \rightarrow B$，S 为 $B \rightarrow C$，则复合关系 $R \circ S$ 是从 A 到 C 的关系，若 R，S 均为函数，则此时的复合关系 $R \circ S$ 是 A 到 C 的函数.

定义 3 - 3 设有函数 $f:A \rightarrow B$，$g:B \rightarrow C$，则 f 与 g 的复合，记为 $f \circ g$，它是一个函数：

$$f \circ g:A \rightarrow C,$$

其中，$f \circ g(a)=g(f(a))$.

称 $f \circ g$ 是函数 f 和 g 的复合函数，又可解释为如果 $b \in B$ 是 $a \in A$ 在 f 之下的像，$c \in C$ 是 b 在 g 之下的像，则 c 是 a 在 $f \circ g$ 之下的像，又可看成是 b 作为中间过渡，建立了 a 与 c 的联系.

例 3 - 5 设有集合 $A=\{1,2,3\}$，$B=\{a,b,c,d\}$，$C=\{u,v,w\}$，f 是 A 到 B 的函数，g 是 B 到 C 的函数，其中 $f(1)=b$，$f(2)=a$，$f(3)=a$，$g(a)=u$，$g(b)=v$，$g(c)=u$，$g(d)=w$，求复合函数 $f \circ g$.

解：$f \circ g(1)=g(f(1))=g(b)=v$；

$f \circ g(2)=g(f(2))=g(a)=u$；

$f \circ g(3)=g(f(3))=g(a)=u$.

依次类推,可以得到 n 个函数复合:

$f_1:A_1 \to A_2, f_2:A_2 \to A_3, \cdots, f_n:A_n \to A_{n+1}$,则 $f_1 \circ f_2 \circ \cdots \circ f_n$ 表示

从集合 A_1 到 A_{n+1} 的函数.

当 $A_1 = A_2 = \cdots = A_{n+1}, f_1 = f_2 = \cdots = f_n$ 时,则 $f_1 \circ f_2 \circ \cdots \circ f_n$ 简记为 f^n.

例 3-6　设有函数 $f:I \to I$,其中 $f(a)=2a+1$, $f^4:I \to I$ 表示四次复合函数,求 f^4.

解:$f^4(a)=f(f(f(f(a))))=f(f(f(2a+1)))$

$\qquad\qquad =f(f(4a+3))=f(8a+7)=16a+15.$

函数的复合运算满足结合律,而不满足交换律.

定理 3-1　设 $f \circ g$ 是复合函数.

(1) 如果 f 和 g 都是一对一映射,则 $f \circ g$ 也是一对一映射;

(2) 如果 f 和 g 都是满射,则 $f \circ g$ 也是满射;

(3) 如果 f 和 g 都是双射,则 $f \circ g$ 也是双射.

证明:(1) 令 a_1 和 a_2 是 A 中的任意两个元素,假定 $a_1 \neq a_2$.

因为 f 是一对一的,所以 $f(a_1) \neq f(a_2)$.

又因为 g 是一对一的,所以 $g(f(a_1)) \neq g(f(a_2))$.

故 $f \circ g$ 是从 A 到 C 的一对一映射.

(2) 令 $c \in C$.

因为 g 是满射,所以必有某个元素 $b \in B$,使得 $g(b)=c$.

又因为 f 是满射,所以必有某个元素 $a \in A$,使得 $f(a)=b$.

故有　$f \circ g(a)=g(f(a))=g(b)=c$.

由于 c 是 C 中任意元素,因而 $f \circ g$ 是从 A 到 C 的满射.

(3) 可以由(1)和(2)得证.

3.4　逆函数

定义 3-4　设有函数 $f:A \to B$,如果它的逆关系 $f^{-1}:B \to A$ 也是一个函数,则称 f^{-1} 是 f 的一个逆函数.

对于二元关系 R,如果将 R 中的所有有序偶的两个元素次序交换,就可得到逆关系 R^{-1},但对于函数 f,交换 f 的所有有序偶中两个元素的次序后,所得到的逆关系却不一定是函数.

定理 3-2　一个函数 $f:A \to B$ 有逆函数当且仅当 f 是双射.

以上定理指出一个函数存在逆函数的充分必要条件.

例 3-7　设有集合 $A=\{1,2,3\}, B=\{x,y,z\}$,试构造一个 A 到 B 的双射函数.

解:构造 $f:A \to B$.

$$f(1)=x, \ f(2)=y, \ f(3)=z.$$

即有

$$f=\{(1,x),(2,y),(3,z)\}.$$

其逆函数

$$f^{-1}=\{(x,1),(y,2),(z,3)\}.$$

或表示为

$$f^{-1}(x)=1,\ f^{-1}(y)=2,f^{-1}(z)=3.$$

注意：此时可构造的 f 不是唯一的.

定义 3-5　设有函数 $f:A\to A$，若对每个元素 $a\in A$，有 $f(a)=a$，则称 f 是 A 上的恒等函数，记为 E_A.

恒等函数必然是一一对应（双射）的.

定理 3-3　对任意一个函数 $f:A\to B$，有：$E_A\circ f=f\circ E_B=f$.

证明：因为 f 是集合 A 到 B 的函数，所以任取 $a\in A$，必有 $b\in B$，使 $f(a)=b$.

因为

$$E_A\circ f(a)=f(E_A(a))=f(a)=b,$$

$$f\circ E_B(a)=E_B(f(a))=E_B(b)=b,$$

所以

$$E_A\circ f=f\circ E_B=f.$$

定理 3-4　如果函数 $f:A\to B$，有逆函数 $f^{-1}:B\to A$，则：(1) $f\circ f^{-1}=E_A$；(2) $f^{-1}\circ f=E_A^{-1}$；(3) $(f^{-1})^{-1}=f$.

证明：(1) 因为 $f:A\to B$ 有逆函数 $f^{-1}:B\to A$，所以任取 $(a,b)\in f$，有 $(b,a)\in f^{-1}\Rightarrow(a,a)\in f\circ f^{-1}\overset{由定义}{\Rightarrow}f\circ f^{-1}=E_A$.

(2) 因为 $f:A\to B$ 有逆函数 $f^{-1}:B\to A$，所以任取 $(b,a)\in f^{-1}$，有 $(a,b)\in f\Rightarrow(b,b)\in f^{-1}\circ f\overset{由定义}{\Rightarrow}f^{-1}\circ f=E_B$.

(3) 因为 f 有逆函数 f^{-1}，所以任取 $(a,b)\in f$，有 $(b,a)\in f^{-1}\Rightarrow(a,b)\in(f^{-1})^{-1}\Rightarrow(f^{-1})^{-1}=f$.

例 3-8　设有函数 $f:R\to R$ 为 $f(a)=3a-4$，此 f 是一一对应的（双射），故有相应的逆函数 f^{-1} 存在，求 f^{-1} 的公式.

解：令 b 是 f 之下的 a 的像：$b=f(a)=3a-4$，而 a 是 b 在 f^{-1} 之下的像，可得 $a=(b+4)/3$，从而有 $f^{-1}(b)=(b+4)/3$.

小　结

函数（又称为映射）是一种特殊的关系，离散数学中将以前对连续量的讨论推广到离散量.

函数 f 的像源、像、定义域、陪域、值域的概念，几种特殊的函数；一对一映射（或单射）、满射、双射、恒等函数.

函数的复合运算,即设 $f:A{\to}B,g:B{\to}C$ 是两个函数,则 $f{\circ}g$ 是 $A{\to}C$ 的函数,具体运算为:$f{\circ}g(x)=g(f(x))$.

注意:有的书定义 $g{\circ}f$ 是 $A{\to}C$ 的函数,有 $g{\circ}f(x)=g(f(x))$.

以上两种定义不能混用,一旦确定了一种表示后就不能用另一个了,否则会违反 $f{\circ}g{\neq}g{\circ}f$(不满足交换律).

一个关系的逆关系一定存在,但一个函数的逆函数未必存在,只有当 f 为双射函数时,其逆函数 f^{-1} 一定存在(充分必要条件).

函数、逆函数、恒等函数之间的关系式:

$$E_A{\circ}f=f{\circ}E_B=f,f{\circ}f^{-1}=E_A,$$

$$f^{-1}{\circ}f=E_B,(f^{-1})^{-1}=f.$$

习 题

1. 设集合 $A=\{1,2,3\},B=\{a,b\},f:A{\to}B$,问不同的函数个数为下列哪一个?
(1) $2{\times}3$;(2) $2+3$;(3) 2^3;(4) 3^2.

2. 设函数 $f:A{\to}B$,有逆函数 $\widetilde{f}:B{\to}A$,求 $\widetilde{f}{\circ}f$ 和 $f{\circ}\widetilde{f}$ 的结果.

3. 以下哪些是函数?哪些是单射函数?哪些是满射函数?哪些是双射?写出双射函数的逆函数。
(1) $f:\mathbf{Z}{\to}\mathbf{N},f(x)=x^2+1$;
(2) $f:\mathbf{Z}{\to}\mathbf{Q},f(x)=\dfrac{1}{x}$;
(3) $f:\{1,2,3\}{\to}\{a,b,c\},f=\{(1,b),(2,c),(3,a)\}$;
(4) $f:\mathbf{N}{\to}\mathbf{N},f$ 定义为 $f(x,y)=(y+1,x+1)$;
(5) $f:R^2{\to}R^2,f$ 定义为 $f(x,y)=(y+1,x+1)$.

4. 设 $f:f(x)=2x+5,g:g(x)=x^3+6$,求 $f{\circ}g$ 的表达式.

5. 设 $f(x)=x+4,g(x)=2x+3,x\in\mathbf{I}$(整数集),求 $(f{\circ}g)^{-1}$.

6. 设集合 $A=\{1,2\},B=\{a,b,c\}$,写出所有 A 到 B 的函数和所有 B 到 A 的函数.

7. 设集合 $A=\{0,1\},f_1,f_2,f_3,f_4$ 是 A 到 A 的函数,其中 $f_1(a)=a,f_1(b)=b,f_2(a)=b,f_2(b)=a,f_3(a)=a,f_3(b)=a,f_4(a)=b,f_4(b)=b$.
证明:$f_2{\circ}f_3=f_4,f_3{\circ}f_2=f_3,f_1{\circ}f_4=f_4$.

8. 设 A 和 B 都为有限集合,假定 A 有 m 个元素,B 有 n 个元素,说明下列各种情况下 m 和 n 的关系.
(1) 存在从 A 到 B 的单射函数;
(2) 存在从 A 到 B 的满射函数;
(3) 存在从 A 到 B 的双射函数.

9. 设 $A=\{0,1,2\}$ 上有函数 $f:A{\to}A$,试按条件 $f^2(x)=f(x)$,求 f 的表达式.

10. 证明：

(1) $f(A\bigcup B)=f(A)\bigcup f(B)$；

(2) $f(A\bigcap B)\subseteq f(A)\bigcap f(B)$.

11. 设 $f:A\rightarrow A$，证明：

(1) 若 $f\subseteq E_A$，则 $f=E_A$；

(2) 若 $E_A\subseteq f$，则 $f=E_A$.

12. 设有函数 $f:A\rightarrow A,g:A\rightarrow A$ 和 $h:A\rightarrow A$，使得复合函数 $h\circ f=h\circ g$. 试证明若 h 是一单射函数，则 $f=g$.

13. 设 f 是 A 到 B 的一个函数，定义 A 上的关系 $R:aRb$，当且仅当 $f(a)=f(b)$，证明：R 是 A 上的等价关系.

14. 设 $A=\{1,2,3,4\},B=\{a,b,c,d\}$，确定下列集合的每个关系是否为从 A 到 B 的一个函数. 如果是一个函数，找出其定义域和值域，并确定它是否是单射或满射的，如果它既是单射又是满射的，那么给出用有序偶的集合描述的逆函数，并给出该逆函数的定义域和值域.

(1) $\{(1,a),(2,a),(3,c),(4,b)\}$；

(2) $\{(1,c),(2,a),(3,b),(4,c),(2,d)\}$；

(3) $\{(1,c),(2,d),(3,a),(4,b)\}$；

(4) $\{(1,d),(2,d),(4,a)\}$；

(5) $\{(1,a),(2,a),(3,a),(4,a)\}$.

*15. 设函数 $f:R\times R\rightarrow R\times R,f$ 定义为

$$f((x,y))=(x+y,x-y).$$

(1) 证明 f 是单射；

(2) 证明 f 是满射；

(3) 求逆函数 $\tilde{f}$；

(4) 求复合函数 $\tilde{f}\circ f$ 和 $f\circ f$.

第4章

无 限 集

一个集合所讨论的范围,即集合所涉及的元素个数可以是有限的,也可以是无限的,可以用基数来研究集合中的元素个数问题.

4.1 集合的基数

在研究集合时,经常会遇到一个集合中有多少元素或称这个集合有多大,两个集合哪个大哪个小(即哪个集合元素多或少),我们用基数来度量一个集合的大小问题.

定义 4-1 如果集合 A 与集合 $Nn=\{0,1,2,\cdots,n-1\}$ 存在一一对应的函数 $f:Nn\to A$,则称 A 为**有限集**,其基数为 $n\in\mathbf{N}$(或用 $|A|$ 表示),如果 A 不是有限集,它就是无限集.

若一个集合有 n 个有限的不同元素,它就是基数为 n 的有限集.常见的自然数集 $\mathbf{N}$ 是无限的.

定理 4-1 自然数集 $\mathbf{N}$ 是无限的.

证明:要证 $\mathbf{N}$ 不是有限的,可以证明不存在 $n\in\mathbf{N}$,使得从 $\mathbf{N}n$ 到 $\mathbf{N}$ 存在一一对应的函数.令 g 是从 $\mathbf{N}n$ 到 $\mathbf{N}$ 的任一函数,$n\in\mathbf{N}$,设

$$k=1+\max\{g(0),g(1),\cdots,g(n-1)\},$$

于是 $k\in\mathbf{N}$,但是对每个 $a\in\{0,1,2,\cdots,n-1\}$,有 $g(a)\neq k$,因此 g 不可能是一一对应的函数,由于 n 和 g 是任意的,从而得出结论:$\mathbf{N}$ 是无限的.

定义 4-2 设 A,B 是两个集合,若存在从 A 到 B 的双射,则称 A 与 B 等势,记为 $A\sim B$,也称 A 和 B 有相同的基数,记为 $|A|=|B|$,否则称 A 和 B 的基数不相等,记为 $|A|\neq|B|$.

注意:两个有限集只有当它们的元素个数相等时才是等势的,因而有限集不可能与其真子集等势.

对于有限集,基数就是它的元素个数;对于无限集,先规定自然数集 $\mathbf{N}$ 的基数是 $\aleph_0$.

4.2　可数集与不可数集

定义 4‑3　如果存在双射函数 $f:\mathbf{N}\to A$，则称 A 的基数为 $\aleph_0$，即 $|A|=\aleph_0$。具有基数 $\aleph_0$ 的集合称为**可数无限集**。

例 4‑1　试确定正整数集合 $\mathbf{I}_+$ 的基数。

解：$\mathbf{I}_+$ 可以与 $\mathbf{N}$ 找到一一对应的关系，即 $f:\mathbf{N}\to\mathbf{I}_+$ 可定义为：$f(x)=x+1$，是双射函数，$\mathbf{I}_+$ 又是无限的，可得：$|\mathbf{I}_+|=\aleph_0$，基数为 $\aleph_0$。

例 4‑2　求整数集合 I 的基数。

解：$\mathbf{I}$ 可以与 $\mathbf{N}$ 找到一一对应的关系如下：

$f:\mathbf{N}\to\mathbf{I}$ 可定义为

$$f(x)=\begin{cases}\dfrac{x}{2}, & \text{当 } x \text{ 为偶数,}\\[2mm] -\dfrac{x+1}{2}, & \text{当 } x \text{ 为奇数;}\end{cases}$$

是双射函数，$\mathbf{I}$ 又是无限的，可得：$|\mathbf{I}|=\aleph_0$，基数为 $\aleph_0$。

定义 4‑4　将有限集和具有基数 $\aleph_0$ 的无限集统称为**可数**的，否则称为不可数的。

上述例子用函数给出对应关系来确定基数，还可以用枚举对应的方法来找基数。

例 4‑3　每年有 12 个月，作为集合的基数为 12，因为我们可以建立从{ 1 月，2 月，3 月，…，12 月}到 N_{12} 的一一对应关系为：

$$\begin{array}{cccc} 1\text{月}, & 2\text{月}, & \cdots, & 12\text{月}\\ \uparrow & \uparrow & \cdots & \uparrow\\ 0 & 1 & \cdots & 11 \end{array}$$

例 4‑4　试证明 $\mathbf{N}\times\mathbf{N}$ 是可数的。

证明：先将 $\mathbf{N}\times\mathbf{N}$ 中的元素按一定规则依次排序（见图 4‑1），其中标识行、列的是自然数。

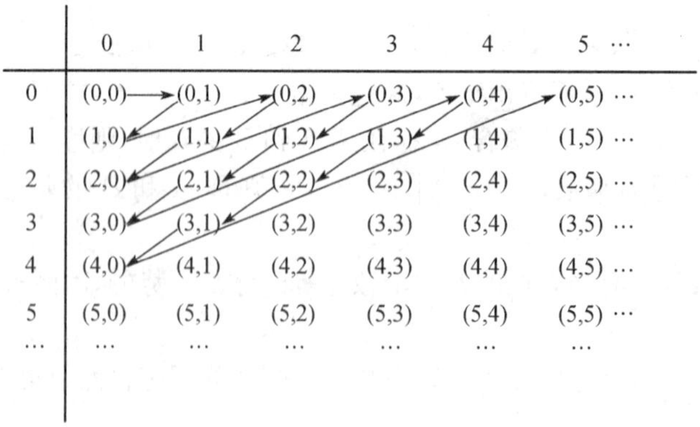

	0	1	2	3	4	5 ⋯
0	(0,0)	(0,1)	(0,2)	(0,3)	(0,4)	(0,5) ⋯
1	(1,0)	(1,1)	(1,2)	(1,3)	(1,4)	(1,5) ⋯
2	(2,0)	(2,1)	(2,2)	(2,3)	(2,4)	(2,5) ⋯
3	(3,0)	(3,1)	(3,2)	(3,3)	(3,4)	(3,5) ⋯
4	(4,0)	(4,1)	(4,2)	(4,3)	(4,4)	(4,5) ⋯
5	(5,0)	(5,1)	(5,2)	(5,3)	(5,4)	(5,5) ⋯
⋯	⋯	⋯	⋯	⋯	⋯	⋯

图 4‑1

按箭头所指的方向依次排列,就可以把任意元素$(m \times n) \in \mathbf{N} \times \mathbf{N}$与一个自然数建立一一对应关系,其函数关系式为:

$$f(m,n)=(m+n+1)(m+n)/2+m$$

对于任意两个集合,尤其是无限集,如何比较它们的大小呢? 我们可以通过确定、比较各自的基数来进行.

定义 4-5 设 A 和 B 为任意两个集合.

(1) 若 A,B 之间存在双射 $f: A \to B$,则称 A 和 B 的基数相同,记为 $|A|=|B|$;

(2) 若从 A 到 B 存在单射 $f: A \to B$,则称 A 的基数小于或等于 B 的基数,记为 $|A| \leqslant |B|$;

(3) 若 $|A| \leqslant |B|$ 且 $|A| \neq |B|$,则称 A 的基数小于 B 的基数,记为 $|A| < |B|$.

定理 4-2 设 A 和 B 是两个任意集合,则 $|A|$ 和 $|B|$ 必定满足下述三条中的一条:

(1) $|A| < |B|$;

(2) $|B| < |A|$;

(3) $|A| = |B|$.

定理 4-3 设 A 和 B 是集合,若 $|A| \leqslant |B|$ 且 $|B| \leqslant |A|$,则 $|A| = |B|$.

根据上述定理,则要证明两个集合有相同基数,只要找出两个一对一的函数:$f: A \to B$,$g: B \to A$(这比找双射方便).

可数集中有有限的,也有无限的,那么是否有更大的集合存在呢? 确切地说是有的.

对任一有限集 A,其基数小于其幂集的基数,即若 $|A|=m$,有 $|\rho(A)|=2^m>m$,同样,若 A 是无限集,也有 $|\rho(A)|>|A|$.

对于任何一个无限集 A,至少有一个集合(如 $\rho(A)$),其基数比 A 的基数大.

总有集合其基数比自然数 $\mathbf{N}$ 的基数大,这样就出现了不可数的集合.

定理 4-4 集合 $R_{01}=\{r | r \in \mathbf{R}, 0<r<1\}$ 是不可数的.

这是实数集上的一部分,无法找到与 $\mathbf{N}$ 的一一对应关系,我们定义 R_{01} 的基数为 C,C 是比 $\aleph_0$ 更高一级的基数.

实际上实数集 R 的基数也为 C,可以建立 R_{01} 和 $\mathbf{R}$ 的一一对应函数:

$$f(x)=\begin{cases} \dfrac{1}{2x}-1, & \text{当} 0<x \leqslant \dfrac{1}{2}, \\ \dfrac{1}{2(x-1)}+1, & \text{当} \dfrac{1}{2} \leqslant x<1; \end{cases}$$

故实数集 $\mathbf{R}$ 也是不可数的.

小 结

有限集和无限集的定义、区分.

可数集与不可数集的区分、判定.

基数概念贯穿本章,其表示及应用,$|A|$,$\aleph_0$,C.

自然数集 $\mathbf{N}$ 在本章中是主线,利用 $\mathbf{N}$ 及其子集 N_n 可对目前我们所学的大部分集合作出对应,以确定集合的大小.

R_{01}与 **R** 的基数 C 是高于自然数集 **N** 的基数 $\S\S_0$ 的.

本章的主要解题方法是找出不同集合之元素的对应关系,可以是函数表达式,也可以是枚举对应表示.

习　　题

1. 设 A 和 B 是无限集合,C 是有限集合,回答下列问题. 若肯定,则说出理由;若否定,则举一反例.

(1) $A\cap B$ 一定是无限集吗?　　　(2) $A\cup B$ 一定是无限集吗?　　　(3) $A-B$ 一定是无限集吗?

2. 设 A 和 B 是无限集合,$B\subseteq A$,问 $A-B$ 是否一定无限? 是否一定有限? 举例说明.

3. 证明:如果 $A\subseteq B$,那么 $|A|\leqslant|B|$.

4. 证明:如果 $|A|\leqslant|B|$ 和 $C=|A|$,那么 $|C|\leqslant|B|$.

5. 设 $f:A\rightarrow B$ 是一单射函数,假设 A 是无限的,试证明 B 是无限的.

6. 证明:如果存在一个从 A 到 B 的满射函数,那么 $|B|\leqslant|A|$.

7. 找出有理数集 **Q** 和 **R**×**R** 集合的基数,需证明.

8. 证明:$(|A|\leqslant|B|$ 并且 $|C|=|D|\Rightarrow|A\times C|\leqslant|B\times D|)$ 成立.

9. $(|A|\leqslant|B|$ 并且 $|C|\leqslant|D|)\Rightarrow|A\cup C|\leqslant|B\cup D|$,举例说明上式不一定成立.

10. 设 $|A|=|B|$,$|D|=|E|$ 且 $A\cap D=B\cap E=\varnothing$,试证明:

$$|A\cup D|=|B\cup E|.$$

11. 设 $|A|=|B|$ 和 $|C|=|D|$,证明 $|A\times C|=|B\times D|$.

12. 证明:若 A 是无限集,B 是可数集,则 $|A\cup B|=|A|$.

第 5 章

近世代数

从具体到抽象是数学研究的一个重要方面,近世代数采用集合以及定义在集合上的运算所构成的代数系统来研究对象、对象的性质、对象的行为和对象间的关系(可从具体到抽象,也可从抽象到具体),其对计算机科学的理论、实际应用均有重要的意义.本章主要研究半群、群、环、域、格这些特定的代数系统.

5.1 代数运算

近世代数又称代数结构或抽象代数.世上事物之间的相互作用并得到结果,这可以看成运算,我们最常见的算术运算如 $1+2=3$,表示数字 1 和 2 做加法运算,结果为数字 3.我们可以把运算的概念扩展到各个方面,如教师上课,学生听课,结果为学生学到知识,可用运算式表达为

教师上课 * 学生听课=学生学到知识

其中 * 为运算符.

我们常见到的是一元运算和二元运算,特别是二元运算.一个运算符对一个运算对象 x 进行作用后得到一个新的结果 x',称为一元运算.如集合中的取补、逻辑运算中的取非等;一个运算符对两个运算对象 x,y 进行作用后得到一个新的运算结果 z,称为二元运算,如实数集上的加法乘法运算等.

集合 A 上的二元运算实际是从 $A \times A$ 到 A 的一个特殊函数.

一般地,集合 A 上的 n 元运算实际上是 A^n 到 A 的一个特殊函数.

运算符可以是各种符号,只要在某种场合下赋予它特定的含义,如 $*$,$\triangle$,$\square$ 等.

对于一个有限集上的运算可以用表格来表达,如 $A=\{a,b,c,d\}$,则表 5-1 定义了一个二元运算 $*$,$x * y$ 是指位于 x 行、y 列的元素,如 $a * b=c,c * a=b$.

表 5-1 二元运算 *

*	a	b	c	d
a	b	c	d	a
b	a	a	c	d
c	b	c	d	a
d	c	c	d	d

定义 5-1 设△和 * 是分别定义在 A 上的一元运算和二元运算,若 B 是 A 的子集.

(1) 如果 $a \in B$,有 $\triangle a \in B$,则称 B 关于△运算是封闭的.

(2) 如果 $a, b \in B$,有 $a * b \in B$,则称 B 关于 * 运算是封闭的.

例如,正整数集合 $\mathbf{I}_+$ 在普通的加法运算和乘法运算下是封闭的,但 $\mathbf{I}_+$ 上的减法运算是不封闭的.

本书主要研究二元运算,以下是与二元运算有关的一些性质.

定义 5-2 设 * 是集合 A 上的运算,如果对每个 $a, b \in A$,有 $a * (b * c) = (a * b) * c$,则称 * 满足**结合律**.

定义 5-3 设 * 是集合 A 上的运算,如果对每个 $a, b \in A$,有 $a * b = b * a$,则称 * 满足**交换律**.

定义 5-4 设 * 是集合 A 上的运算,如果有 $e \in A$,而且对每个 $a \in A$,有 $e * a = a * e = a$,则称 e 是关于运算 * 的**单位元素**(或称幺元).

定义 5-5 设 * 是集合 A 上的运算,如果有 $\theta \in A$,而且对每个 $a \in A$,有 $\theta * a = a * \theta = \theta$,则称 θ 是关于运算 * 的**零元素**.

在某些场合下,单位元素又区分左单位元素和右单位元素;零元素又区分为左零元素和右零元素.

定义 5-6 设 * 是集合 A 上的运算.

如有 $e_l \in A$,而且对每个 $a \in A$,有 $e_l * a = a$,则称 e_l 是关于运算 * 的**左单位元素**;

如有 $e_r \in A$,而且对每个 $a \in A$,有 $a * e_r = a$,则称 e_r 是关于运算 * 的**右单位元素**;

如有 $\theta_l \in A$,而且对每个 $a \in A$,有 $\theta_l * a = \theta_l$,则称 θ_l 是关于运算 * 的**左零元素**;

如有 $\theta_r \in A$,而且对每个 $a \in A$,有 $a * \theta_r = \theta_r$,则称 θ_r 是关于运算 * 的**右零元素**.

定理 5-1 设 * 是集合 A 上的一个运算,具有左、右单位元素,则 $e_l = e_r$.

证明:因为 e_l 和 e_r 分别是左、右单位元素,所以

$$e_r = e_l * e_r = e_l$$

定理 5-2 设 * 是集合 A 上的一个运算,具有左零元素和右零元素,则 $\theta_l = \theta_r$.

证明:因为 θ_l 和 θ_r 分别是左、右零元素,所以

$$\theta_r = \theta_l * \theta_r = \theta_l.$$

以上两条定理说明左、右单位元素可以不同时存在,但当同时存在时,则有 $e_l = e_r$,此时左右单位元素相等.

类似地,左、右零元素也可不同时存在,但当同时存在时,则有 $\theta_l = \theta_r$,此时左、右零元素相等.

定理 5-3　对运算 * ,如果单位元素存在,则是唯一的;如果零元素存在,则是唯一的.

证明:用反证法,如果有两个单位元素,不妨设为 e 和 e_1,因为 e 是单位元素,所以有 $e * e_1 = e_1 * e = e_1$,又因为 e_1 是单位元素,所以有 $e * e_1 = e_1 * e = e$,故有 $e = e_1$.

对零元素的唯一性证明留作习题.

例 5-1　对于实数集 **R** 上的加法和乘法运算,判定它们是否有单位元素和零元素,若有指出来.

解:对 R 上的加法运算,0 是其单位元素,而没有零元素;而乘法运算的单位元素是 1,零元素是 0.

如果 R 上的运算为减法,则其右单位元素为 0,它没有左单位元素,也无零元素.

例 5-2　设 * 是整数集上的二元运算,其定义为:对于任意的 $a,b \in \mathbf{I}$,有 $a * b = a + b - a \cdot b$,其中 $+,-,\cdot$ 是普通的加、减、乘法,问运算 * 是否是可交换和可结合的?

解:因为 $a * b = a + b - a \cdot b = b + a - b \cdot a = b * a$,所以运算/是可交换的.

又因为 $(a * b) * c = (a + b - a \cdot b) * c$

$$= (a + b - a \cdot b) + c - (a + b - a \cdot b) \cdot c$$
$$= a + b + c - a \cdot b - a \cdot c - b \cdot c + a \cdot b \cdot c$$

$$a * (b * c) = a * (b + c - b \cdot c)$$
$$= a + (b + c - b \cdot c) - a \cdot (b + c - b \cdot c)$$
$$= a + b + c - a \cdot b - a \cdot c - b \cdot c + a \cdot b \cdot c,$$

所以

$$(a * b) * c = a * (b * c),$$

故运算 * 是可结合的.

例 5-3　设集合 $S = \{w, x, y, z\}$,S 上的二元运算 * 的定义由表 5-2 运算表定义,问 $(S, *)$ 有否左、右单位元素?

表 5-2　二元运算 *

*	w	x	y	z
w	w	w	x	x
x	x	z	y	y
y	w	x	y	z
z	x	w	y	x

解:根据表 5-1 可知 y 是左单位元素(因为 y 从左边和其他元素运算后,结果还为那个元素),没有右单位元素.

定义 5-7　设 * 是集合 A 上的一个运算,且有单位元素 $e \in A$,如果对每个 $a \in A$,存在 $b \in A$,使得

$$a * b = b * a = e,$$

则称 b 是 a 的逆元素,记为 a^{-1}.

a 和 b 互为逆元素,即 a 和 a^{-1} 互为逆元素.

定理 5-4 设 $*$ 是集合 A 上具有单位元素 e 的一个运算,任一元素 $a\in A$,a 的逆元素 a^{-1} 若存在则是唯一的.

证明:设 a_1 也是 a 的一个逆元素,则

$$a_1 = a_1 * e = a_1 * (a * a^{-1}) = (a_1 * a) * a^{-1} = e * a^{-1} = a^{-1},$$

即 a^{-1} 是 a 的唯一逆元素.

定义 5-8 设 $*$ 是集合 A 上具有单位元素 e 的二元运算,$a\in A$,则

若存在 $a_l^{-1}\in A$,使得 $a_l^{-1} * a = e$,则称 a_l^{-1} 是 a 的左逆元素;

若存在 $a_r^{-1}\in A$,使得 $a * a_r^{-1} = e$,则称 a_r^{-1} 是 a 的右逆元素.

定理 5-5 设 $*$ 是集合 A 上具有单位元素 e 且可结合的二元运算,如果元素 $a\in A$ 有左逆元素 a_l^{-1} 和右逆元素 a_r^{-1},则 $a_l^{-1} = a_r^{-1} = a^{-1}$.

证明:因为 $a_l^{-1} * a = a * a_r^{-1} = e$,所以

$$(a_l^{-1} * a) * a_r^{-1} = e * a_r^{-1} = a_r^{-1} = a_l^{-1} * (a * a_r^{-1}) = a_l^{-1} * e = a_l^{-1},$$

则 $a_l^{-1} = a_r^{-1} = a^{-1}$ 是 a 的逆元素.

对于集合上的二元运算 $*$,单位元素和零元素是针对 A 中所有的元素而言的,是全局概念,而逆元素是针对 A 中某元素而言的,是局部概念.

对于任何二元运算,单位元素是可逆的,其逆元素就是单位元素自己,但一般来说,零元素是不可逆的.

定理 5-6 设 $*$ 是集合 A 上的二元运算,且 $|A|>1$,如果运算 $*$ 有单位元素 e 和零元素 θ,则 $e\neq\theta$.

证明:设 $e=\theta$,因为 $|A|>1$,所以至少应该还有一个元素 $a\in A$,$a\neq e$,但是 $a=e*a=\theta*a=\theta=e$,这与 $a\neq e$ 矛盾,故 $e\neq\theta$.

定义 5-9 如果 $*$ 和 $\circ$ 是集合 A 上的两个运算,如果对任意 $a,b,c\in A$,有

$$a\circ(b*c) = (a\circ b)*(a\circ c),$$
$$(b*c)\circ a = (b\circ a)*(c\circ a),$$

则称"$\circ$"对"$*$"满足分配律.

例 5-4 如果 $*$ 和 $\circ$ 是集合 A 上的两个运算,并且 $*$ 满足结合律,$\circ$ 对 $*$ 满足分配律. 试证明 $(a\circ b)*(a\circ d)*(c\circ b)*(c\circ d) = (a\circ b)*(c\circ b)*(a\circ d)*(c\circ d)$.

证明:
$$(a\circ b)*(a\circ d)*(c\circ b)*(c\circ d) = (a\circ(b*d))*(c\circ(b*d))$$
$$= (a*c)\circ(b*d)$$
$$= ((a*c)\circ b)*((a*c)\circ d)$$
$$= (a\circ b)*(c\circ b)*(a\circ d)*(c\circ d).$$

5.2 代数系统

在早期的代数中,研究的是数字,整数、实数、复数作为运算对象或称古典代数. 随着科

学的发展,人们认识到事物之间的关系不仅可用数来表达,还可以抽象为各种表达方式,结合集合论中集合的元素概念,可把各种各样的事物(具体的或抽象的)用集合中的元素来表达,从而出现了近世代数(又可称代数结构、抽象代数或代数系统).

我们在研究代数系统时,不必具体地一个一个地去研究,因为不同的代数系统可能会有一些共同的性质(如前节所述的单位元素、零元素、可结合性、封闭性等),可研究满足这些性质的抽象的代数系统.

定义 5 - 10　一个非空集合以及定义在此集合上的一个或多个运算所组成的系统称为代数系统,用记号$(A, \circ , * , \cdots)$表示.

例如,整数集上定义的加、减、乘运算,$(\mathbf{I}, +), (\mathbf{I}, -, +)$等都是代数系统.

设$(A, \circ , * , \cdots)$是代数系统,若 A 的基数是有限的,则称其为有限代数系统,否则称为无限代数系统.

定义 5 - 11　设$(A, \circ , *)$和$(A', \circ ', *')$是两个代数系统, $*$ 和 $*'$ 均是二元运算, $\circ$ 和 $\circ'$ 均是一元运算,若有:(1) $A' \subseteq A$;(2) 对任意的 $a, b \in A'$,有 $a * b = a *' b \in A'$, $\circ a = \circ' a \in A'$,则称$(A', \circ ', *')$是$(A, \circ , *)$的子代数系统.

上述代数系统中用到了两个运算符,也可以有一个或多于两个的情况,用类似的方法得到子代数系统.

5.3　同态和同构

代数系统千变万化,但有些代数系统具有相同的性质,同态、同构是研究这些代数系统之间关系的方式.

在此我们主要讨论具有一个二元运算的代数系统的情况.

定义 5 - 12　设$(S, \circ)$和$(T, *)$是两个代数系统,如果存在一个函数(或称映射)$f: S \rightarrow T$,使得对任意 $a, b \in S$,有 $f(a \circ b) = f(a) * f(b)$,则称 f 是从$(S, \circ)$到$(T, *)$的同态函数,简称同态. 即$(S, \circ)$和$(T, *)$是同态的.

定义 5 - 13　设$(S, \circ)$和$(T, *)$是两个代数系统,如果存在一个从 S 到 T 的满射 f,使得对任意 $a, b \in S$,有 $f(a \circ b) = f(a) * f(b)$,则称 f 是从$(S, \circ)$到$(T, *)$的满同态. 即$(S, \circ)$和$(T, *$是)满同态的.

定义 5 - 14　设$(S, \circ)$和$(T, *)$是两个代数系统,如果存在一一对应函数(双射), $f: S \rightarrow T$,使得对任意 $a, b \in S$,有

$$f(a \circ b) = f(a) * f(b),$$

则称 f 是从$(S, \circ)$到$(T, *)$的同构函数,即$(S, \circ)$和$(T, *)$是同构的,特别地记为:

$$(S, \circ) \cong (T, *)$$

如果 $S = T$,且 f 是同构的,则称 f 是自同构的.

上述同态或同构公式 $f(a \circ b) = f(a) * f(b)$ 非常重要,可以通过图示来理解其特定含义,如图 5 - 1.

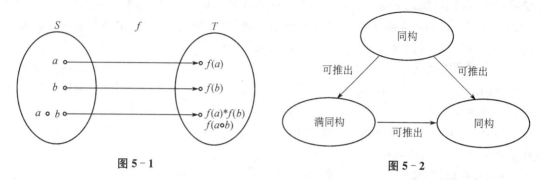

图 5 - 1　　　　　　　　　　　　　　　　　　图 5 - 2

　　一般非同态时,函数 f 的对应关系为:$a{\rightarrow}f(a)$,$b{\rightarrow}f(b)$,$a{\circ}b{\rightarrow}f(a{\circ}b)$,而 $f(a)*f(b)$ 是 T 中的两个元素 $f(a)$、$f(b)$ 做运算的结果,而与 $f(a{\circ}b)$ 无直接的关系.但是在同态时,函数 f 的对应关系同样为:$a{\rightarrow}f(a)$,$b{\rightarrow}f(b)$,$a{\circ}b{\rightarrow}f(a{\circ}b)$,与上不同之处在于 T 中的 $f(a)$ 和 $f(b)$ 作运算 $f(a)*f(b)$ 在 T 中的对应元素(结果)正好是 $f(a{\circ}b)$.正如同态公式所表达的含义,即同态公式是一种特殊情况.

　　同构、满同态、同态之间的关系如图 5 - 2 所示.

　　条件的强弱关系为:同构→满同态→同态.

　　例 5 - 5　设有集合 $(\mathbf{N},+)$ 和 $(\mathbf{N}_n,\oplus)$,其中+为普通加法,$\oplus$ 为模 n 加法,即对所有 x,$y{\in}\mathbf{N}$,有:$x{\oplus}y=(x+y)\bmod n$,其中 $\mathbf{N}_n=\{0,1,{\cdots}n-1\}$.

　　令 $f{:}\mathbf{N}{\rightarrow}N_n$,$f(x)=(x)\bmod n(n$ 取模运算$)$,试证明 f 是同态函数.

　　证明:因为对任意 $x,y{\in}N$,有

$$f(x+y)=(x+y)\bmod n=(x)\bmod n\oplus(y)\bmod n=f(x)\oplus f(y),$$

所以满足同态公式,f 是同态函数.

　　对此例可设 $x=6$,$y=7$,代入同态公式两边验证,即

$$f(x+y)=f(6+7)=f(13)=(13)\bmod 5=3,$$

$$f(x)\oplus f(y)=f(6)\oplus f(7)=(6)\bmod 5\oplus(7)\bmod 5=1+2=3,$$

两边结果均为 3.

　　例 5 - 6　设 $\mathbf{R}$ 是有理数集,$\mathbf{R}$ 上的运算是普通加法,$\mathbf{S}$ 是不等于 0 的有理数集,$\mathbf{S}$ 上的运算是普通乘法,所以 $(R,+)$ 和 $(S,\times)$ 是两个代数系统,问 $(R,+)$ 和 $(S,\times)$ 之间是否存在同构函数?

　　解:假设有同构映射:$f{:}\mathbf{R}{\rightarrow}\mathbf{S}$,先确定在 f 作用下元素 $0{\in}\mathbf{R}$ 的象,设为 b,即有

$$f(0)=b_0.$$

　　对任一元素 $a{\in}\mathbf{R}$,在 f 作用下的像设为 b,即

$$f(a)=b,$$

故有

$$f(a+0)=f(a)\times f(0)=b\times b_0,$$

又有

$$f(a+0)=f(a)=b,$$

所以有 $b\times b_0=b$,得到 b_0 是 **S** 中的单位元素,即 $b_0=1$,即 $f(0)=1$.

另一方面,设 $f(a)=-1,f(a+a)=f(a)\times f(a)=(-1)\times(-1)=1$,故 $a+a=0,a=0$,从而有 $f(0)=-1$,产生矛盾.

所以从 $(\mathbf{R},+)$ 到 $(\mathbf{S},\times)$ 无同构函数存在.

5.4 半群与单元半群

从本节开始我们讨论一些常见的有代表性的代数系统.

定义 5 - 15 设 $(A,*)$ 是一个代数系统,若 A 对运算 $*$ 封闭,并对任意的 $a,b,c\in A$,满足结合律,即有

$$a*(b*c)=(a*b)*c,$$

则称 $(A,*)$ 是**半群**.

满足封闭性运算的代数系统也称为广群.

定义 5 - 16 设 $(A,*)$ 是半群,并且存在单位元素,则称 $(A,*)$ 是单元半群(又可称为独异点).

特别地,如果单元半群 $(A,*)$ 的运算 $*$ 又满足交换律,即对每个 $a,b\in A$,有 $a*b=b*a$,则称 $(A,*)$ 是交换单元半群.

可见交换单元半群是一类特殊的单元半群.

可以找出一些交换单元半群的例子,如 $(\mathbf{N},+),(\mathbf{N},\times),(\mathbf{I},+),(\mathbf{Q},\times)$ 均是. 但注意 $(\mathbf{I},-)$ 不是半群,因为不满足结合律,即 $a-(b-c)\neq(a-b)-c$.

例 5 - 7 设 Z_m 是由 m 的同余类组成的集合,其中的元素 $[i]$ 表示自然数按 m 取模后的余数为 i. 在 Z_m 上定义两个二元运算 $+_m$ 和 $\times_m$ 如下:

对任意的 $[i],[j]\in Z_m$,有

$$[i]+_m[j]=[(i+j)\bmod m],$$

$$[i]\times_m[j]=[(i\times j)\bmod m],$$

试证明代数系统 $(Z_m,+_m)$ 和 $(Z_m,\times_m)$ 是单元半群.

证明:(1) 根据运算 $+_m$ 和 $\times_m$ 的定义,可知在 Z_m 集上它们的封闭性.

(2) 对任意 $[i],[j],[k]\in Z_m$.

因为

$$([i]+_m[j])+_m[k]=[(i+j+k)\bmod m],$$

$$[i]+_m([j]+_m[k])=[(i+j+k)\bmod m],$$

所以

$$([i]+_m[j])+_m[k]=[i]+_m([j]+_m[k]).$$

又因为

$$([i]\times_m[j])\times_m[k]=[(i\times j\times k)\bmod m],$$

$$[i]\times_m([j]\times_m[k])=[(i\times j\times k)\bmod m],$$

所以

$$([i]\times_m[j])\times_m[k]=[i]\times_m([j]\times_m[k]),$$

故 $+_m$，$\times_m$ 在 Z_m 上是可结合的运算.

（3）因为 $[0]+_m[i]=[i]+_m[0]=[i]$，所以 $[0]$ 是 $(Z_m,+_m)$ 中的单位元素.

又因为 $[1]\times_m[i]=[i]\times_m[1]=[i]$，所以 $[1]$ 是 $(Z_m,\times_m)$ 中的单位元素.

根据（1）～（3）的证明得 $(Z_m,+_m)$，$(Z_m,\times_m)$ 均为单元半群.

定义 5-17　在单元半群 $(A,*)$ 中，任一元素 $a\in A$ 的幂定义为

（1）$a^0=e$；

（2）$a^{i+1}=a^i*a$；$(i=0,1,2,\cdots)$

（3）$a^i*a^j=a^{i+j}$；$(i,j$ 为非负整数$)$

（4）$(a^i)^j=a^{i\times j}$. $(i,j$ 为非负整数$)$

如果有 $a*a=a$，则称 a 为等幂元素. 单位元素是等幂元素.

定义 5-18　一个单元半群 $(A,*)$，如果有元素 g，使得对每个元素 $a\in A$，可表示为

$$a=g^r(r\geqslant 0),$$

则称 $(A,*)$ 是循环单元半群，其中 g 称为 $(A,*)$ 的生成元素.

定理 5-7　循环单位半群是可交换的单元半群.

证明：令 $(A,*)$ 是循环单位半群，其生成元素为 g，对 $a,b\in A$ 可表示为

$$a=g^i,b=g^j,$$

故 $a*b=g^i*g^j=g^{i+j}=g^{j+i}=g^j*g^i=b*a$，满足交换律.

5.5　群及相关概念

群是应用广泛、研究成熟的一类代数系统，是研究、建立其他代数系统的基础.

定义 5-19　设有一个代数系统 $(G,*)$，如果满足：

（1）运算 $*$ 是封闭的，即对每个 $a,b\in G$，有 $a*b\in G$.

（2）运算 $*$ 满足结合律，即对每个 $a,b,c\in G$，有

$$(a*b)*c=a*(b*c);$$

（3）存在单位元素 $e\in G$，即对每个 $a\in G$，有

$$e*a=a*e=a;$$

（4）任何元素 $a \in G$，有其逆元素 $a^{-1} \in G$，即

$$a * a^{-1} = a^{-1} * a = e,$$

则称此代数系统 $(G, *)$ 是一个群，可简称：G 是一个**群**.

如果上述运算 $*$ 还满足交换律，即对每个 $a, b \in G$，有 $a * b = b * a$，则群 $(G, *)$ 称为**交换群**或**阿贝尔群**.

例如，$(\mathbf{I}, +)$ 是整数集合在加法运算下构成的阿贝尔群.

例 5-7 设群 $(G, *)$ 对任意 $a \in G$，有 $a * a = e$，可记为 $a^2 = e$，则 $(G, *)$ 一定是交换群.

证明：对任意 $a, b \in G$，$a * b = e * a * b * e = b^2 * a * b * a^2$

$$= b * (b * a) * (b * a) * a$$
$$= b * (b * a)^2 * a$$
$$= b * e * a = b * a.$$

因此，$(G, *)$ 是交换群.

定义 5-20 群 $(G, *)$ 中的元素的个数 $|G|$ 称为群的阶，如果 $|G|$ 有限，称 $(G, *)$ 是**有限群**，否则称为**无限群**.

当群 $(G, *)$ 中只有一个单位元素 e 时，则称其为平凡群.

群是一类特殊的代数系统，因此代数系统的同态、同构在群中也有体现.

设 $(G, \circ)$ 和 $(H, *)$ 是两个群，$f: G \to H$ 是一个函数，如果对每个 $a, b \in G$，有

$$f(a \circ b) = f(a) * f(b),$$

则称 f 是一个群同态函数.

若所述 $f: G \to H$ 是双射，而且对任意 $a, b \in G$，有 $f(a \circ b) = f(a) * f(b)$，则称 f 是一个群同构函数，可称 $(G, \circ)$ 和 $(H, *)$ 同构，记为 $(G, \circ) \cong (H, *)$.

如果两个群是同构的，则它们具有完全相同的性质.

定理 5-8 如果 $f: G \to H$ 是群同态，则有：

（1）$f(e_G) = e_H$（其中 $e_G \in G$，$e_H \in H$，是各自的单位元素）；

（2）$f(a^{-1}) = f(a)^{-1}$（其中 $a, a^{-1} \in G$）.

证明：（1）因为 $(G, \circ)$ 和 $(H, *)$ 为群同态，所以

$$f(e_G) = f(e_G \circ e_G) = f(e_G) * f(e_G)$$
$$\Rightarrow f(e_G)^{-1} * f(e_G) = f(e_G)^{-1} * f(e_G) * f(e_G)$$
$$\Rightarrow f(e_G) = e_H$$

（2）因为 $(G, \circ)$ 和 $(H, *)$ 为群同态，所以对任意 $a \in G$，$a \circ a^{-1} = a^{-1} \circ a = e_G$，故

$$e_H = f(e_G) = f(a \circ a^{-1}) = f(a) * f(a^{-1}),$$

$$e_H = f(e_G) = f(a^{-1} \circ a) = f(a^{-1}) * f(a).$$

因此有 $f(a^{-1})$ 是 $f(a)$ 的逆元素，$f(a)$ 的逆元素表示为 $f(a)^{-1}$，故有 $f(a^{-1}) = f(a)^{-1}$.

例 5-8 设集合 $G = \{e, a, b, c\}$，运算 $*$ 定义如表 5-3 所示.

表5-3 运算 *

*	e	a	b	c
e	e	a	b	c
a	a	e	c	b
b	b	c	e	a
c	c	b	a	e

试证明$(G, \circ)$是一个群.

解:由表可知:

(1) 运算 * 是封闭的;

(2) * 是可结合的;

(3) e 是 G 中的单位元素;

(4) 对任意 $x \in G$,有 $x^{-1} = x$,即每个元素都存在逆元素.

故 G 关于 * 运算构成一个群,此群特称为 klein 四元群.

定理5-9 设$(G, *)$是一个群,则对每个 $a, b \in G$ 有:(1) 存在一个唯一的元素 $x \in G$,试 $a * x = b$;(2) 存在一个唯一的元素 $y \in G$,使 $y * a = b$.

证明:(1) 取 $x = a^{-1} * b$,则有

$$a * x = a * (a^{-1} * b) = (a * a^{-1}) * b = b,$$

故存在相应的 x.

另一方面要证唯一性,假设还有 $x_1 \in G$,满足 $a * x_1 = b$,所以

$$a * x = a * x_1 \Rightarrow a^{-1} * (a * x) = a^{-1} * (a * x_1)$$
$$\Rightarrow (a^{-1} * a) * x = (a^{-1} * a) * x_1$$
$$\Rightarrow x = x_1,$$

故 $x = a^{-1} * b$ 是满足 $a * x = b$ 的唯一元素.

(2) 留作习题.

上述性质可以利用运算的定义表来帮助判断群,即表中的每一行、每一列上,G 中的元素都要出现且只能各自出现一次.

定理5-10 如果$(G, *)$是一个群,则对每个 $a, b, c \in G$,有:(1) $a * b = a * c \Rightarrow b = c$;(2) $b * a = c * a \Rightarrow b = c$.

此定理称为消去律.

群满足消去律,在许多证明中可以利用这一性质.

定理5-11 如果$(G, *)$是一个群,则对每个 $a, b \in G$,有$(a * b)^{-1} = b^{-1} * a^{-1}$.

证明:因为$(a * b) * (a * b)^{-1} = e$,而

$$(a * b) * (b^{-1} * a^{-1}) = a * (b * b^{-1} * a^{-1}) = a * e * a^{-1}$$
$$= a * a^{-1} = e,$$

所以有

$$(a * b) * (a * b)^{-1} = (a * b) * (b^{-1} * a^{-1}).$$

根据消去律得到：$(a * b)^{-1} = b^{-1} * a^{-1}$，从而可有推论：若$(G, *)$是一个群，则对每个 $a_1, a_2, \cdots, a_n \in G$，有

$$(a_1 * a_2 * \cdots * a_n)^{-1} = a_n^{-1} * a_{n-1}^{-1} * \cdots * a_1^{-1},$$

其中a_i与a_i^{-1}互为逆元素.

定义 5-21　设a是群$(G, *)$中的一个元素，使得$a^r = e$成立的最小正整数r称为元素 a 的阶；若不存在这样的r，则称a的阶无限.

由此推知单位元素的阶为 1.

请勿将群的阶与群中各元素的阶混为一谈.

定理 5-12　如果群$(G, *)$的一个元素a具有阶r，则$a^k = e$当且仅当k是r的倍数.

证明：(1) 若k是r的倍数，即有$k = tr$，t为正整数，于是$a^k = a^{tr} = (a^r)^t = e^t = e$；

(2) 反之，若$a^k = e$，而k不是r的倍数，即$k = tr + p(0 \leqslant p < r)$，则

$$a^p = a^{k-tr} = a^k * a^{-tr} = e * e^{-t} = e,$$

然而r是使得$a^r = e$的最下正整数，故p只能等于 0，即有$k = tr$.

由此可以推出如果$a^r = e$，但r无因子$d(0 < d < r)$，使$a^d = e$，则可以肯定r就是a的阶. 例如$a^6 = e$，但$a^2 \neq e, a^3 \neq e$，则可肯定 6 就是a的阶.

若代数系统中的元素$a * a = a$，则a为等幂元素.

定理 5-13　在群$(A, *)$中，除单位元素外不存在等幂元素.

证明：因为$e * e = e$，所以e是等幂元素.

另设$a \in A, a \neq e$且$a * a = a$，则有

$$a = e * a = (a^{-1} * a) * a = a^{-1} * (a * a) = a^{-1} * a = e.$$

这与所设$a \neq e$矛盾.

定理 5-14　对$|G| = 1$的群中不存在零元素.

证明：设$(G, *)$是群，如果$|G| = 1$，只有一个元素，只能是单位元素，又同时为零元素.

如果$|G| > 1$，且群中有零元素θ，对群中任意元素$x \in G$，均有$x * \theta = \theta * x = \theta \neq e$，故零元素$\theta$不存在逆元素，这与$(G, *)$是群矛盾.

定理 5-15　设$(G, *)$是群，任意元素$a \in G$，则a的阶与a的逆元素a^{-1}的阶相同.

证明：设有a的阶为$r, a^r = e$，因此，$(a^{-1})^r = (a^r)^{-1} = e^{-1} = e$. 如果$t$是$a^{-1}$的阶，有

$$t \leqslant r, \tag{1}$$

而$a^t = ((a^{-1})^t)^{-1} = e^{-1} = e$，因为$a$的阶为$r$，所以有

$$r \leqslant t \tag{2}$$

由(1)(2)得：$t = r$，故有a与a^{-1}的阶相同.

例 5-9　在有限群里，阶大于 2 的元素的数目一定是偶数.

证明：设$(G, *)$是具有阶为n的有限群，即$|G| = n$，任取$a \in G, a$的阶为$m; a^m = e(m > 2)$，a的逆元素$a^{-1} \in G$，故$(a^{-1})^m = (a^m)^{-1} = e^{-1} = e$(根据定理 5-11 推论)$m$也是$a^{-1}$的阶.

现在要证 $a\neq a^{-1}$,用反证法.

若 $a=a^{-1}$,则 $a^2=e$,所以 a 的阶不大于 2,这与 $m>2$ 矛盾,故有 $a\neq a^{-1}$.

从而得到:当 a 的阶大于 2 时,a 与它的逆元素总是成对出现的,所以阶大于 2 的元素的数目一定是偶数.

进一步可推出:若 G 是一个阶为偶数的有限群,则在 G 中阶为 2 的元素的个数必定是奇数,证明留作习题.

定理 5-16   设 $(G,*)$ 是交换群(阿贝尔群),设 a,b 是 G 的两个元素,其阶分别为 r 和 s,如果 r 和 s 互为素数,即 $(r,s)=1$,则 $a*b$ 的阶是 $r\cdot s$.

证明:因为 $(G,*)$ 是交换群,所以

$$(a*b)^{r+s}=(a^r)^s*(b^s)^r=e*e=e.$$

假定有另一 q,使得 $(a*b)^q=e$,故

$$e=(a*b)^q=((a*b)^q)^r=(a*b)^{q\cdot r}$$
$$=(a^r)^q*(b)^{q\cdot r}=e*(b)^{q\cdot r}=(b)^{q\cdot r}.$$

由定理 5-12,s 整除 $q\cdot r$,而 $(r,s)=1$,所以 s 整除 q,同理 r 亦整除 q,从而 $r\cdot s$ 能整除 q,所以 $r\cdot s$ 是 $(a*b)$ 的阶.

推论   设 $(G,*)$ 是阿贝尔群,如果元素 $a_1,a_2,\cdots,a_n$ 的阶分别是 $r_1,r_2,\cdots,r_n$,若 $(r_i,r_j)=1(i\neq j)$,则 $a_1*a_2*\cdots*a_n$ 的阶是 $r_1\cdot r_2\cdot\cdots\cdot r_n$.

定理 5-17   在一个有限群 $(G,*)$ 中,每个元素 $a\in G$ 的阶有限且每个元素的阶至多为 $|G|$.

证明:令任一元素 $a\in G$,在序列 $a,a^2,\cdots,a^{|G|+1}$ 中,至少有两个元素相等,例如 $a^r=a^p$,其中 $1\leq p<r\leq|G|+1$,现有

$$e=a^0=a^{r-r}=a^r*a^{-r}=a^r*a^{-p}=a^{r-p}$$

由上述不等式,知 a 具有阶至多为 $r-p$,且 $r-p\leq|G|$.

定理 5-18   若 $(G,*)$ 和 $(H,*)$ 是同构的两个群,则 G 和 H 中对应的元素有相同的阶.

5.6   子群

如果 $(G,*)$ 是一个群,A 是 G 的非空子集,若 $(A,*)$ 也能构成群,则称 $(A,*)$ 是 $(G,*)$ 的一个子群.例如,$(R,+)$ 是群,$(I,+)$ 也是群,I 是 R 的非空子集,故 $(I,+)$ 是 $(R,+)$ 的一个子群.

我们可以通过子群判别定理来判断子群是否存在.

定理 5-19   设 $(G,*)$ 是一个群,H 是 G 的一个非空子集,如果(1)对每个 $a,b\in H$,有 $a*b\in H$,即满足封闭性;(2)对每个元素 $a\in H$,有 $a^{-1}\in H$,即存在逆元素,则称 $(H,*)$ 是 $(G,*)$ 的一个**子群**.

上述条件(1)和(2)等价于每个 $a,b\in H$,有 $a*b^{-1}\in H$,故也可以用此法来判定子群.

定理 5-20   设 $(G,*)$ 是群,H 是 G 的有限的非空子集,且对每个 $a,b\in H$,有 $a*b\in$

H,则$(H,*)$是$(G,*)$的一个子群.

证明:因为满足封闭性,所以

$$a \in H, a^2 \in H, a^3 \in H \cdots$$

又因为 H 是有限的,所以总会有 $1 \le i < j$,使得 $a^i = a^j$,则

$$a^i * a^{-i} = a^j * a^{-i}.$$

由消去律可得 $a^{j-i} = e(j-i>0)$,所以 $e \in H$. 因为

$$a^{j-i} = e \Rightarrow e = a * a^{j-i-1} = a^{j-i-1} * a \Rightarrow a^{-1} * e = a^{-1} * a * a^{j-i-1} \Rightarrow a^{-1} = a^{j-i-1},$$

又因为 $j-i-1 \ge 0$,所以 $a^{-1} \in H$.

下列是某些子群的叫法:

(1) 如果 $G=H$ 或 $H=\{e\}$(子群 H 只有一个单位元素 e 时),则称$(H,*)$是$(G,*)$的一个**平凡子群**;

(2) 如果 $H \subset G$,则称$(H,*)$是$(G,*)$的一个**真子群**;

(3) 如果$(H,*)$是$(G,*)$的真子群而且无真子群$(H_1,*)$的存在,使得 $H \subset H_1$,则称$(H,*)$是$(G,*)$的**极大子群**.

例 5 - 10　试证明一个群和其子群的单位元素相同.

证明:设有群$(G,*)$,它的任一子群为$(H,*)$,任取 $h \in H$,有 $h^{-1} \in H$,且 $h * h^{-1} = e_1 \in H$.

另一方面,因为 $H \subseteq G$,所以,$h,h^{-1} \in G$,且 $h * h^{-1} = e \in G$,所以 $e = e_1 = h * h^{-1}$.

例 5 - 11　设$(H_1,*)$,$(H_2,*)$是群$(G,*)$的两个子群,试证明$(H_1 \bigcap H_2,*)$也是$(G,*)$的子群.

证明:因为 $H_1 \subseteq G, H_2 \subseteq G$,故 $H_1 \bigcap H_2 \subseteq G$,所以,任取 $a,b \in H_1 \bigcap H_2 \Rightarrow a,b \in H_1$ 并且 $a,b \in H_2$

$$\xrightarrow{\text{封闭性}} a*b \in H_1 \text{并且} a*b \in H_2 \tag{1}$$
$$\Rightarrow a*b \in H_1 \bigcap H_2.$$

又因为任取 $a \in H_1 \bigcap H_2 \Rightarrow a \in H_1$ 并且 $a \in H_2$

$$\xrightarrow{H_1 \text{与} H_2 \text{是群}} a^{-1} \in H_1 \text{并且} a^{-1} \in H_2 \tag{2}$$
$$\Rightarrow a^{-1} \in H_1 \bigcap H_2,$$

所以由(1)(2)得:$(H_1 \bigcap H_2,*)$也是$(G,*)$的子群.

5.7　循环群

定义 5 - 22　设$(G,*)$是一个群,若存在一个元素 $g \in G$,使得 $G = \{g^n \mid g \in G \text{且} n \in N\}$,则称$(G,*)$是一个循环群,元素 $g \in G$ 称为此循环群的生成元素.(可预定 $g^0 = e$)

也就是说循环群的每个元素都可以由某个元素的某次幂来表示.

每个循环群必然是交换群,因为其中的任意元素 a,b 可以表示为 $a=g^r,b=g^s,a*b=g^r*g^s=g^{r+s}=g^{r+s}=g^s*g^r=b*a$.

定理 5-21 如果 g 是群 $(G,*)$ 中的一个元素,g 的阶是 m,令 $H=\{g^r|r\in I\}$,则 $(H,*)$ 是 $(G,*)$ 的一个 m 阶子群,并称其为由 g 生成的循环子群.

证明:先证 $(H,*)$ 是 $(G,*)$ 的一个子群.

因为对所有的 $r,s\in I$,有:

(1) 对每个 $g^r,g^s\in H,g^r*g^s=g^{r+s}\in H$,满足封闭性.

(2) 设 $g^r\in H$,有 $(g^r)^{-1}=g^{-r}\in H$.

所以 $(H,*)$ 是子群.

再证它是 m 阶子群.

如果元素 g 的阶是无限的,认为 g^r 都是互不相同的,假如 $g^r=g^s$,不妨设 $r>s$,于是 $g^{r-s}=e$,则 g 的阶 $\leqslant r-s$,这与 g 的阶无限相矛盾.因此,在 g 的阶无限时,$|H|$ 也是无限的.

另外,如果元素 g 的阶是有限正整数 m,要证出 $H=\{g^0=e,g^1,g^2,\cdots,g^{m-1}\}$.

假定 $g^r=g^s$,其中 $0\leqslant s<r\leqslant m-1$,于是 $g^r*g^{-s}=g^s*g^{-s}\Rightarrow g^{r-s}=e$,其中 $0<r-s<m$,这与 g 的阶是 m 相矛盾,因此 H 中的元素是互不相同的,对任何其他元素 g^t,t 总可以写成 $t=km+r$,其中 $0\leqslant r<m$,则有

$$g^t=g^{km+r}=g^{km}*g^r=(g^m)^k*g^r=e^k*g^r=g^r.$$

从而推出 $H=\{g^0,g^1,g^2,\cdots,g^{m-1}\}$,即有 $|H|=m$.

定理 5-22 如果有限群 $(G,*)$ 具有阶 n,若有一元素 $g\in H$ 的阶也是 n,则 $(G,*)$ 是由 g 生成的循环群.

本定理是上条定理的特殊情况,证明略.

定理 5-23 阶相同的循环群是同构的.

证明:令 $(G,*)$ 是由 g 生成的循环群,$(H,*)$ 是由 h 生成的循环群.

(1) 如果 G 和 H 的阶是无限的,定义函数:

$$f:G\to H,f(g^p)=h^p,p\in I,$$

于是 f 是 G 和 H 间的双射为

$$f(g^p*g^q)=f(g^{p+q})=h^{p+q}=h^p*h^q=f(g^p)*f(g^q),$$

故 f 满足群同构.

(2) 如果 G 和 H 的阶是有限的,设为 n,则

$$G=\{e_g,g,g^2,\cdots,g^{n-1}\},$$
$$H=\{e_h,h,h^2,\cdots,h^{n-1}\}.$$

定义函数:$f:G\to H,f(g^p)=h^p,p=0,1,\cdots,n-1$,则 f 是双射的.

如果 $0\leqslant p,q\leqslant n-1$,令 $p+q=kn+l$,其中 $0\leqslant l\leqslant n-1,k$ 为正整数,则有

$$f(g^p*g^q)=f(g^{p+q})=f(g^{kn+1})=f((g^n)*g^l)$$
$$=f(e^k*g^l)=f(g^l)=h^l. \tag{1}$$

$$f(g^p) * f(g^q) = h^p * h^q = h^{p+q} = h^{kn+l}$$
$$= (h^n)^k * h^l = e^k * h^l = h^l \tag{2}$$

由(1)(2)得

$$f(g^p * g^q) = f(g^p) * f(g^q),$$

所以 f 是群同构.

例 5 - 12　在群 $(G, *)$ 里, $G = \{a, b, c, d, e\}$, 表 5 - 4 是其运算表, 证明它是循环群.

表 5 - 4　运算表

$*$	e	a	b	c	d
e	e	a	b	c	d
a	a	b	c	d	e
b	b	c	d	e	a
c	c	d	e	a	b
d	d	e	a	b	c

证明: 根据表运算表, 可知 a 为其生成元素, 所有元素均可由 a 来生成: $a = a$, $b = a^2$, $c = a^3$, $d = a^4$, $e = a^5$, 此时 $(G, *)$ 称为五阶循环群.

注意: 循环群的生成元素可以不唯一.

例 5 - 13　假定 $(G, *)$ 是循环群, $(G, *)$ 和 $(\overline{G}, *)$ 是满同态, 试证明 $(\overline{G}, *)$ 也是循环群.

证明: 因为 G 和 $\overline{G}$ 满同态, 所以 $\overline{G}$ 是群.

设 f 是 G 到 $\overline{G}$ 的满同态映射, 故对每个 $\overline{a} \in \overline{G}$, 有 $a \in G$, 使得 $f(a) = \overline{a}$. 另有

$$f(a * b) = f(a) * f(b) = \overline{a} * \overline{b},$$

$$f(a^2) = f(a * a) = f(a) * f(a) = \overline{a^2}.$$

若对某个 k 有: $f(a^k) = \overline{a^k}$, 则

$$f(a^{k+1}) = f(a^k * a) = f(a^k) * f(a) = \overline{a^k} * \overline{a} = \overline{a^{k+1}},$$

根据归纳法, 对任意 $a^k \in G$, 有 $\overline{a^k} \in \overline{G}$, 所以 $\overline{a}$ 是生成元素, $(\overline{G}, *)$ 是循环群.

5.8　置换群

首先介绍置换群的含义, 一个有限集合 A 上的 n 个元素的一个置换是到它自身集合上的一个一对一函数(实际上是双射), 如 $P = \{a, b, c\}$, 则 $P \rightarrow P$ 有六种不同的置换(一对一函数):

$$\varepsilon = \Pi_0: a \rightarrow a, b \rightarrow b, c \rightarrow c;$$

$$\Pi_1: a \rightarrow a, b \rightarrow c, c \rightarrow b;$$

$$\Pi_2: a \rightarrow b, b \rightarrow a, c \rightarrow c;$$

$$\Pi_3: a \rightarrow b, b \rightarrow c, c \rightarrow a;$$

$$\Pi_4 : a \to c, b \to a, c \to b;$$
$$\Pi_5 : a \to c, b \to b, c \to a.$$

对置换有多种表示方法,如上例可表示为

$$\Pi_0 = \begin{pmatrix} a & b & c \\ a & b & c \end{pmatrix}, \qquad \Pi_1 = \begin{pmatrix} a & b & c \\ a & c & d \end{pmatrix}, \qquad \Pi_2 = \begin{pmatrix} a & b & c \\ b & a & c \end{pmatrix},$$

$$\Pi_3 = \begin{pmatrix} a & b & c \\ b & c & a \end{pmatrix}, \qquad \Pi_4 = \begin{pmatrix} a & b & c \\ c & a & b \end{pmatrix}, \qquad \Pi_5 = \begin{pmatrix} a & b & c \\ c & b & a \end{pmatrix}.$$

还可用图示法,如图 5-3 所示.

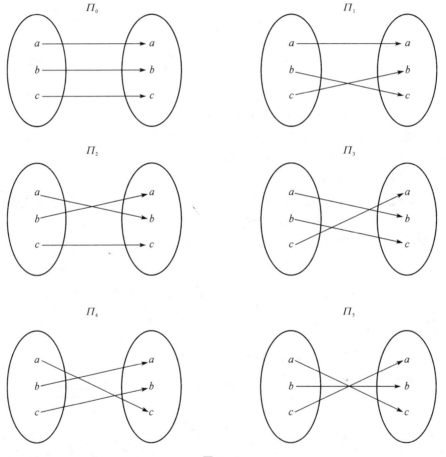

图 5-3

各种表示法实质上就是展示了对应关系.

当 P 是具有 n 个元素的集合时,P 上共有 $n!$ 个不同的置换.

将 P 上的所有置换(如上述六个 Π_i)作为元素放到一个集合 P_n 中,则有 $|P_n| = n!$,如上述 P 有 3 个元素,有 6 个置换,即可构造集合 $P_3 = \{\Pi_0, \Pi_1, \Pi_2, \Pi_3, \Pi_4, \Pi_5\}$.

定义 5-23 设群 $(P_m, \circ)$ 的元素是置换而其运算是复合运算,则称它为置换群.

在上述定义置换群时,只要求 P_m 中的元素是 P 上 n 个元素的置换,而并未要求一定要

将 P 上的所有置换 ($n!$ 个) 都拿来作为 P_m 元素 $|P_m| \leqslant n!$，表示集合 P 上的一些置换及复合运算如果可以构成群，就称置换群，但随之带来的一个问题要搞清楚，并不是任意取一些 P 上的置换加上复合运算就构成群的.

例 5 - 14　设有集合 $P_3 = \{\varepsilon, \varPi_1, \varPi_2, \varPi_3, \varPi_4, \varPi_5\}$，定义复合运算. 来构造一个代数系统 (其中 P_3 的元素是 $\{a, b, c\}$ 的所有置换)，问此代数系统能否构成群?

解：我们可先构造 $(P_3, \circ)$ 的运算表，如表 5 - 5 所示. 表中可列出 P_3 中任意两个元素的运算结果.

表 5 - 5　运算表

	ε	$\varPi_1$	$\varPi_2$	$\varPi_3$	$\varPi_4$	$\varPi_5$
ε	ε	$\varPi_1$	$\varPi_2$	$\varPi_3$	$\varPi_4$	$\varPi_5$
$\varPi_1$	$\varPi_1$	ε	$\varPi_3$	$\varPi_2$	$\varPi_5$	$\varPi_4$
$\varPi_2$	$\varPi_2$	$\varPi_4$	ε	$\varPi_5$	$\varPi_1$	$\varPi_3$
$\varPi_3$	$\varPi_3$	$\varPi_5$	$\varPi_1$	$\varPi_4$	ε	$\varPi_2$
$\varPi_4$	$\varPi_4$	$\varPi_2$	$\varPi_5$	ε	$\varPi_3$	$\varPi_1$
$\varPi_5$	$\varPi_5$	$\varPi_3$	$\varPi_4$	$\varPi_1$	$\varPi_2$	ε

(1) 表中的结果显示，运算满足封闭性.

例如 $\varPi_3 \cdot \varPi_4 = \begin{pmatrix} a & b & c \\ b & c & a \end{pmatrix} \cdot \begin{pmatrix} a & b & c \\ c & a & b \end{pmatrix} = \begin{pmatrix} a & b & c \\ a & b & c \end{pmatrix} = \varepsilon \in P_3$.

可表示为图 5 - 4 所示的样子.

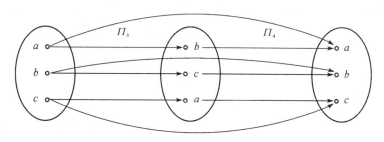

图 5 - 4

实际上对任意的 $\varPi_i, \varPi_j$，均有 $\varPi_i \circ \varPi_j \in P_3$.

(2) 对应 ε 的行和列的结果可知 ε 为单位元素.

(3) 满足结合律. 例如，$\varPi_2 \circ (\varPi_3 \circ \varPi_4) = \varPi_2 \circ \varepsilon = \varPi_2$，$(\varPi_2 \circ \varPi_4) \circ \varPi_3 = \varPi_1 \circ \varPi_3 = \varPi_2$.

(4) 每个元素的逆元素均存在：$\varepsilon^{-1} = \varepsilon$，$\varPi_1^{-1} = \varPi_1$，$\varPi_2^{-1} = \varPi_2$，$\varPi_3^{-1} = \varPi_4$，$\varPi_4^{-1} = \varPi_3$，$\varPi_5^{-1} = \varPi_5$.

综上 (1) ~ (4) 可知 $(P_3, \circ)$ 是一个群.

此 P_3 的子集 $\{\varepsilon, \varPi_3, \varPi_4\}$ 可同复合运算构成置换群，即 $(\{\varepsilon, \varPi_3, \varPi_4\}, \circ)$. 类似地，可以找到相应更多的置换群.

定义 5-24 n 个元素的集合 P 上的所有置换构成的集合 P_n 与复合运算所构成的代数系统必定构成一个群,称其为 n 次对称群.即 $(P_n, \circ)$.

注意,对称群是置换群的特例.

定理 5-24 每一个 n 阶有限群同构于一个 n 次置换群.

证明略.

以下通过一个具体例子来说明.

例 5-15 群 $(N_4, +_4)$ 运算表如表 5-6 所示.

表 5-6 运算表

$+_4$	0	1	2	3
0	0	1	2	3
1	1	2	3	0
2	2	3	0	1
3	3	0	1	2

现取 $N_4 = \{0,1,2,3\}$,将表 5-6 中各列元素构成 N_4 上的四种置换:

$$\varepsilon = \Pi_0 = \begin{pmatrix} 0 & 1 & 2 & 3 \\ 0 & 1 & 2 & 3 \end{pmatrix}, \qquad \Pi_1 = \begin{pmatrix} 0 & 1 & 2 & 3 \\ 1 & 2 & 3 & 0 \end{pmatrix},$$

$$\Pi_2 = \begin{pmatrix} 0 & 1 & 2 & 3 \\ 2 & 3 & 0 & 1 \end{pmatrix}, \qquad \Pi_0 = \begin{pmatrix} 0 & 1 & 2 & 3 \\ 3 & 0 & 1 & 2 \end{pmatrix}.$$

令置换集合 $P_h = \{\varepsilon, \Pi_1, \Pi_2, \Pi_3\}$,加上复合运算.构成其运算表,如表 5-7 所示.

表 5-7 运算表

$\circ$	ε	Π_1	Π_2	Π_3
ε	ε	Π_1	Π_2	Π_3
Π_1	Π_1	Π_2	Π_3	ε
Π_2	Π_2	Π_3	ε	Π_1
Π_3	Π_3	ε	Π_1	Π_2

对照 $+_4$(见表 5-5)和 0(见表 5-6)的运算表可知,$(N_4, +_4)$ 与 $(P_h, \circ)$ 同构.

5.9 陪集、正规子群、商群和同态定理

定义 5-25 设有群 $(G, *)$,其子群是 $(H, *)$,对任意 $a, b \in G$,当且仅当 $a * b^{-1} \in H$,称 a 和 b 为模 H 同余关系,记为:$a \equiv b \pmod{H}$.

我们以前见到的是整数集上两个数的模 n 同余关系,现在是定义了群和子群的同余关系(即群对它的子群取模).

定理 5 - 25　关系 $a\equiv b\pmod H$ 是群 $(G,*)$ 上的等价关系.

证明:对任意 $a,b,c\in G$,有

(1) $a\equiv a\pmod H\Rightarrow a*a^{-1}=e\in H$,满足自反性.

(2) $a\equiv b\pmod H\Rightarrow a*b^{-1}\in H$

$$\Rightarrow (a*b^{-1})^{-1}=b*a^{-1}\in H$$

$$\Rightarrow b\equiv a\pmod H,满足对称性.$$

(3) $a\equiv b\pmod H$ 且 $b\equiv c\pmod H\Rightarrow a*b^{-1}\in H$ 且 $\Rightarrow b*c^{-1}\in H$

$$\Rightarrow (a*b^{-1})*(b*c^{-1})\in H$$

$$\Rightarrow a*c^{-1}\in H$$

$$\Rightarrow a\equiv c\pmod H,满足传递性.$$

由(1)～(3)可知 $a\equiv b\pmod H$ 是一个等价关系.

定义 5 - 26　设 $(G,*)$ 是有限群,有子群 $(H,*)$ 且 $H=\{h_1,h_2,\cdots,h_n\}$,对于 G 中任意元素 a,构造集合 $\{a*h_1,a*h_2,\cdots,a*h_n\}$ 称为 a 关于子群 $(H,*)$ 的左陪集,记为 aH;同理集合 $\{h_1*a,h_2*a,\cdots,h_n*a\}$ 称为 a 关于子群 $(H,*)$ 的右陪集,记为 Ha.

如果用上述定理按等价关系分类,则包含元素 a 的等价类为

$$[a]=\{g\in G|g\equiv a\pmod H\}$$
$$=\{g\in G|g*a^{-1}=h\in H\}$$
$$=\{g\in G|g=h*a\}=\{h*a|h\in H\}$$

实际上以 a 为代表的等价类就是右(或左)陪集.

例 5 - 16　设 $Z_6=\{0,1,2,3,4,5\}$,$+_6$ 为模 6 加法,求群 $(Z_6,+_6)$ 中子群 $(H,+_6)$ 的左陪集和右陪集,$H=\{0,3\}$,问左、右陪集是否相等?

解:左陪集为

$$0+_6\{0,3\}=\{0,3\},$$
$$1+_6\{0,3\}=\{1,4\},$$
$$2+_6\{0,3\}=\{2,5\},$$
$$3+_6\{0,3\}=\{3,0\},$$
$$4+_6\{0,3\}=\{4,1\},$$
$$5+_6\{0,3\}=\{5,2\}.$$

因为 $(Z_6,+_6)$ 是交换群,其左、右陪集相等,都是 $\{0,3\},\{1,4\},\{2,5\}$.

不同的元素生成的陪集有可能相同,如例 5 - 16 中的 1 和 4 生成的陪集均为 $\{1,4\}$.

定义 5 - 27　如果一个群的子群的左右陪集相同,则称此种子群为**正规子群**.

如例 5 - 16 中 $(H,+_6)$ 的是正规子群.

定理 5 - 26　设 $(H,*)$ 为群 $(G,*)$ 的一个子群,则有:(1) 若 $b\in Ha$ 当且仅当 $b*a^{-1}\in H$;(2) 若 $b\in aH$,当且仅当 $a^{-1}*b\in H$.

证明:(1) $b\in Ha$,当且仅当存在 $h\in H$,使得 $b=h*a$,因此,当且仅当 $b*a^{-1}=h$,当且仅当 $b*a^{-1}\in H$.

证(2)方法类似,留作习题.

定理 5-27 设 $(H, *)$ 是群 $(G, *)$ 的子群，a, b 是 G 中的任意元素，则有：(1) 或者 $aH = bH$，或者 $(aH) \cap (bH) = \phi$；(2) 或者 $Ha = Hb$，或者 $(Ha) \cap (Hb) = \phi$.

证明：(1) 若 $(aH) \cap (bH) \neq \phi$，令任意元素 $h \in (aH) \cap (bH)$，则存在 $h_1, h_2 \in H$，使得 $h = a * h_1 = b * h_2$，可推出 $a = b * h_2 * h_1^{-1}$.

任取 $a' \in aH$，于是有 $h' \in H$，使得

$$a' = a * h' = b * h_2 * h_1^{-1} * h'.$$

由于 $h_1, h_2, h' \in H$，故 $h_2 * h_1^{-1} * h' \in H$，可得

$$a' = b * (h_2 * h_1^{-1} * h') \in bH,$$

即 aH 中的元素 $a' \in bH$.

同理，任取 $b' \in bH$，可得 $b' \in aH$，故有 $aH = bH$.

类似方法可证 (2).

定理 5-28 若 $(H, *)$ 是群 $(G, *)$ 的子群，则有：(1) H 的所有不同的右陪集是 G 的一个划分；(2) H 的所有不同的左陪集是 G 的一个划分.

例如，例 5-16 中的子群 $(H, +_6)$ 的左陪集形成的划分为 $\{\{0,3\}, \{1,4\}, \{2,5\}\}$. 因为左、右陪集相同，所以右陪集的划分也是 $\{\{0,3\}, \{1,4\}, \{2,5\}\}$.

以下是有关陪集数目问题的一些特性：

(1) 同一子群的所有左陪集或右陪集的元素个数相同.

(2) 在有限群中，左陪集的数目与右陪集的数目相同.

(3) 群 $(G, *)$ 的一个子群 $(H, *)$ 的左（或右）陪集的数目称为 H 在 G 中的指数 K，如例 5-16 中 $(H, +_6)$ 的指数为 3.

以下是著名的拉格朗日定理：

定理 5-29 设 $(G, *)$ 是一个有限群，$(H, *)$ 是它的一个子群则有 $|G|/|H| = K$（指数），即 $|H|$ 整除 $|G|$.

本定理表示群的子群的阶必定是群的阶的一个因子；但本定理的逆定理未必成立. 即如果群 $(G, *)$ 的阶 $|G|$ 有若干个因子，这些因子中有的可以作为某子群的阶出现，但另外可能有的因子不存在对应阶的子群（即某因子存在，但不存在相应阶的子群）.

由拉格朗日定理，可得出一些结论：

推论 1 设 $(G, *)$ 是 m 阶有限群，任意元素 $a \in G$，则 a 的阶是 $|G|$ 的一个因子.

证明：设 a 的阶为 n，可形成子群的集合为 $H = \{e, a, a^2, \cdots, a^{n-1}\}$，则 $(H, *)$ 构成 n 阶子群，由拉格朗日定理，n 整除 m，即 $|G|/|H|$ 为一正整数.

推论 2 设 $(G, *)$ 是 m 阶有限群，a 是 G 中的任意元素，则有 $a^m = a^{|G|} = e$.

证明：设 a 的阶为 n，由拉格朗日定理，$|G| = n \cdot k$（k 是正整数），得

$$a^{|G|} = a^{n \cdot k} = (a^n)^k = e^k = e.$$

推论 3 设群 $(G, *)$ 的阶是素数，则 $(G, *)$ 一定是循环群.

证明：设 $(G, *)$ 是素数 P 阶群，即 $|G| = P$，由于 P 是素数，故只有 1 和 P 是其因子，若 $P = 1, G = \{e\}$，是循环群；

若 $P \geqslant 2$，所有其他非单位元素的阶均应为 P，故 $(G, *)$ 是循环群（实际上除单位元素

外,其他元素都是生成元素).

推论 4　素数阶群$(G, *)$不存在非平凡子群.

前面我们从陪集的观点出发定义了正规子群,下面我们从另一个角度出发来定义正规子群.

定义 5-28　设群$(G, *)$具有子群$(N, *)$,如果对每个$a \in G, n \in N$,有$a^{-1} * n * a \in N$,则称$(N, *)$是$(G, *)$的一个正规子群.

证明:(1) 必要性,设$Na = aN$,对每个$n \in N, n * a \in Na = aN, \Rightarrow n * a = a * n_1$,其中$n_1 \in N, \Rightarrow a^{-1} * n * a = n_1 \in N$,所以$(N, *)$是一正规子群.

(2) 充分性,设$(N, *)$为正规子群,对任意$a \in G, n \in N, n * a \in Na$,有

$$a^{-1} * n * a = n_1 \in N, \Rightarrow n * a = a * n_1 \in Na,$$

因为$n_1 \in N$,所以$a * n_1 \in aN$,则$Na = aN$.

定理 5-30　若$(N, *)$是$(G, *)$的正规子群,则$(G/N, *)$也是一个群,其中$G/N = \{Na \mid a \in G\}$,运算 $*$ 定义为

$$(Na_1) * (Na_2) = N(a_1 * a_2).$$

以上$(G/N, *)$称为$(G, *)$关于$(N, *)$的商群.

下面介绍同态定理,它指明了同态、正规子群和商群之间的关系.

定义 5-29　设$f: G \to H$是群同态,则有:$K = \{a \mid a \in G \text{ 且 } f(a) = e_H\}$,$K$称为$f$的同态核.

另有$f(G) = \{f(a) \mid a \in G\}$,$f(G)$称为$f$的象集.

本定义的示意图如图 5-5 所示.

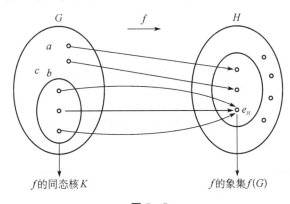

图 5-5

实际上同态核中的元素均有特点为:

(1) 它们都是源集合G中的元素.

(2) 它们对应到目标集合H中所对应的目标元素是同一个,即H中的单位元素e_H.

定理 5-31　设$f: G \to H$是群同态,则有:(1) $(K, *)$是$(G, *)$的正规子群;(2) f是一对一函数,当且仅当$K = \{e_G\}$.

证明:(1) 令$a, b \in K$,故$f(a) = f(b) = e_H$,于是有

$$f(a*b)=f(a)*f(b)=e_H*e_H=e_H.$$

故有 $a*b\in K$.

又 $f(a^{-1})=f(a)^{-1}=e_H^{-1}=e_H$, 故 $a^{-1}\in K$, 所以 $(K,*)$ 是一个群, 且是 $(G,*)$ 的子群.

另一方面, 令 $a\in K,b\in G$, 因为

$$f(b^{-1}*a*b)=f(b^{-1})*f(a)*f(b)=f(b)^{-1}*e_H*f(b)$$
$$=f(b)^{-1}*f(b)=e_H,$$

所以 $b^{-1}*a*b\in K$, 则 $(K,*)$ 是 $(G,*)$ 的正规子群.

(2) 如果 f 是一对一的, 仅有一个元素映射到 e_H, 所以 $K=\{e_G\}$ (K 中只有一个元素, 要构成群必然是其单位元素 e_G).

另一方面反过来, 若 $K=\{e_G\}$, 假定 $f(a_1)=f(a_2)$, 于是有

$$f(a_1*a_2^{-1})=f(a_1)*f(a_2)^{-1}=e_H,$$

所以 $a_1*a_2^{-1}\in K$, 而 $K=\{e_G\}$, 则 $a_1*a_2^{-1}=e_H$, 故 $a_1=a_2$, 所以 f 是一对一的.

定理 5-32 对每个群同态 $f:G\to H$, f 的象集 $f(G)$ 是 $(H,*)$ 的一个子群.

证明: 令 $f(a_1),f(a_2)\in f(G)$, 则

$$f(a_1)*f(a_2)=f(a_1*a_2)\in f(G);$$
$$f(a_1)^{-1}=f(a_1^{-1})\in f(G),$$

$f(G)$ 中又有单位元素 e_H, 又满足结合律.

所以 $(f(G),*)$ 是 $(H,*)$ 的子群.

定理 5-33 设 $f:G\to H$ 是群同态, K 是 f 的同态核, 则 G/K 与 f 的象 $f(G)$ 同构.

证明较复杂, 略.

5.10 环、理想、整环和域

前面讨论的是具有一个运算符的某些常见的代数系统, 现在开始进一步讨论具有两个运算符的某些常见代数系统.

定义 5-30 设代数系统 $(R,+,\circ)$, 如果对任意 $a,b,c\in\mathbf{R}$, 满足以下各点:

(1) $(a+b)+c=a+(b+c)$, 即加结合律;

(2) $a+b=b+a$, 即加交换律;

(3) $a+0=0+a$, 存在加单位元素 $0\in\mathbf{R}$;

(4) 对每个 $a\in\mathbf{R}$, 有一个 $-a\in\mathbf{R}$, 使得 $a+(-a)=0$, 存在加逆元素;

(5) $a\circ(b\circ c)=(a\circ b)\circ c$, 即乘结合律;

(6) $a\circ(b+c)=a\circ b+a\circ c$, 左分配律;

$(b+c)\circ a=b\circ a+c\circ a$, 右分配律, 即乘对加分配律.

则称 $(R,+,\circ)$ 是一个环, 通常将加单位元素 0 称为环的零元素.

对环的两个二元运算要明确它们各自有本身的特征,而互相间又存在着联系,此处定义的"+"和"。"习惯称加和乘,但它们表示的是一种抽象的运算符,并不是数学中普通的加法和乘法.

若分开看,环中的"+"运算可构成交换群;"。"运算构成半群,即可看成$(R, *)$是交换群,$(R, \circ)$是半群.

例如,$(I, +, \cdot)$,$(Q, +, \cdot)$均为环,此处的"+"和"$\cdot$"是数学中普通的加法和乘法,这里将抽象定义的环用实际的集合 I、Q 及普通的加、乘运算代入抽象的环中,得到环的实例.

定义 5 - 31 若环$(R, +, \circ)$满足"。"运算交换律,即对每个 $a, b \in \mathbf{R}$,有 $a \circ b = b \circ a$,则称其为交换环.

若环$(R, +, \circ)$中存在一个元素 $e \in R$,使得对每个 $a \in R$,有 $e \circ a = a \circ e = a$,则称 e 是环的**乘单位元素**,习惯写成 1.

注意:上述加单位元素"0"和乘单位元素"1"并不是普通的数字 0 和 1,而是环中习惯用的抽象符号.在环的具体实例中,有可能某个环的加单位元素是普通数字 0,乘单位元素是普通数字 1.

定义 5 - 32 如果环$(R, +, \circ)$中任意元素 $a, b, c \in R$,且 $a \neq 0$,有

$$a \circ b = a \circ c \Rightarrow b = c,$$

$$b \circ a = c \circ a \Rightarrow b = c,$$

则称$(R, +, \circ)$满足乘消去律.

例如,二进制加法和乘法可与集合$\{0, 1\}$构成交换环$(\{0, 1\}, +, \times)$.

例 5 - 18 试证明$(Z_n, \oplus, \otimes)$是交换群,其中 $Z_n = \{[0], [1], \cdots, [n-1]\}$,$\oplus$ 和 $\otimes$ 是按模 n 同余类的加和乘,即有

$$[x] \oplus [y] = [x + y],$$

$$[x] \otimes [y] = [x \cdot y],$$

证明:(1) $(Z_n, \oplus)$是交换群.

(2) $([x] \otimes [y]) \otimes [z] = [x \cdot y \cdot z]$
$$= [x] \otimes ([y] \otimes [z]),满足乘结合律.$$

(3) $[x] \otimes ([y] \oplus [z]) = [x] \otimes ([y + z]) = [x \cdot (y + z)]$
$$= [x \cdot y + x \cdot z] = [x \cdot y] \oplus [x \cdot z]$$
$$= [x] \otimes [y] \oplus [x] \otimes [z].$$

同理可证$([y] \oplus [z]) \otimes [x] = [y] \otimes [x] \oplus [z] \otimes [x]$,满足乘对加的分配律.

(4) $[x] \otimes [y] = [x \cdot y]$,$[y] \otimes [x] = [y \cdot x]$.

因为$[x \cdot y] = [y \cdot x]$,(其中"$\cdot$"是普通乘法,满足交换律)

所以$[x] \otimes [y] = [y] \otimes [x]$,满足乘交换律.

故$(Z_n, \oplus, \otimes)$是交换环.

定理 5 - 34 设$(R, +, \circ)$是环,则对任意 $a, b, c \in R$,有:(1) $a \circ 0 = 0 \circ a = 0$;(2) $a \circ (-b) = (-a) \circ b = -(a \circ b)$;(3) $(-a) \circ (-b) = a \circ b$;(4) $a \circ (b - c) = a \circ b - a \circ c$;(5) $(b - c) \circ a = b \circ a - c \circ a$.

其中 0 是加法单位元素，$-a$ 是 a 的加逆元素，$a+(-b)$ 是 a 加 b 的加逆元素，可写成 $a-b$.

证明：(1) 因为 $a \circ 0 = a \circ (0+0) = a \circ 0 + a \circ 0 \xRightarrow{\text{两边加} -(a \circ 0)} 0 = a \circ 0$，即 $a \circ 0 = 0$，同理可得 $0 \circ a = 0$.

(2) 因为

$$a \circ (-b) + a \circ b = a \circ (-b+b) = a \circ 0 = 0,$$

所以 $a \circ (-b) = -(a \circ b)$，由上式两边同 $-(a \circ b)$ 得到.

同理可证 $(-a) \circ b = -(a \circ b)$.

(3) 因为

$$a \circ (-b) + (-a) \circ (-b) = [a+(-a)] \circ (-b) = 0 \circ (-b) = 0,$$

又因为

$$a \circ (-b) + a \circ b = a \circ [(-b)+b] = a \circ 0 = 0,$$

所以

$$a \circ (-b) + (-a) \circ (-b) = a \circ (-b) + a \circ b,$$

所以

$$(-a) \circ (-b) = a \circ b.$$

(4)(5)证明略.

定理 5-35 如果环 $(R,+,\circ)$ 有非零元素，对 $a,b \in R, a \neq 0, b \neq 0$，但 $a \circ b = 0$，则称 $(R,+,\circ)$ 有零因子，可能是 a 或 b，也可能 a,b 均是零因子.

例如，模 6 的整数环 $(Z_6, \oplus, \otimes)$ 中 $4 \otimes 3 = 0$，此时 3,4 均为零因子.

定义 5-33 若 $(R,+,\circ)$ 是环，对任意 $a,b \in R$，如果 $a \circ b = 0$，则 $a=0$ 或 $b=0$，称 R 是一个无零因子环.

定理 5-36 一个环 $(R,+,\circ)$ 无零因子当且仅当此环满足消去律.

证明：(1) 必要性，假定 R 无零因子，令 $a,b,c \in \mathbf{R}$ 是满足 $a \circ b = a \circ c$ 的，其中 $a \neq 0$，因此 $a \circ b - a \circ c = 0$，有 $a \circ (b-c) = 0$，故 $b-c=0, b=c$，所以 $(R,+,\circ)$ 满足消去律.

(2) 充分性，反证法，设 R 有零因子，令 $a,b \in R$，使得 $a \circ b = 0$，假定 $a \neq 0$，有 $a \circ b - a \circ 0 = 0$，即有 $a \circ b = a \circ 0$，由满足消去律知 $b=0$. 类似地，如果 $b \neq 0$，可得出 $a=0$，这均与 R 有零因子相矛盾.

定义 5-34 设 $(R,+,\circ)$ 是环，S 是 R 的非空子集，若对任意 $a,b \in S$，有：(1) $a+b \in S$；(2) $-a \in S$；(3) $a \circ b \in S$，则称 $(S,+,\circ)$ 是 $(R,+,\circ)$ 的子环.

条件(1)和(2)实际上指出了 $(S,+)$ 是 $(R,+)$ 的子群，故(1)(2)条件可合并为 $a-b \in S$.

例 5-19 试证明 $(Q(\sqrt{2}),+,\times)$ 是环 $(R,+,\times)$ 的一个子环，其中 R 是实数集，Q 是有理数集，$Q(\sqrt{2}) = \{a+b\sqrt{2} \mid a,b \in Q\}$，"$+$"和"$\times$"分别为普通加法和乘法.

证明：令 $x_1 = a_1 + b_1\sqrt{2}, x_2 = a_2 + b_2\sqrt{2}$，有

(1) $x_1-x_2=(a_1-a_2)+(b_1-b_2)\sqrt{2}\in Q(\sqrt{2})$；

(2) $x_1\times x_2=(a_1\times a_2+b_1\times b_2)+(a_1\times b_2+b_1\times a_2)\sqrt{2}\in Q(\sqrt{2})$，故 $(Q(\sqrt{2}),+,\times)$ 是 $(R,+,\times)$ 的一个子环.

定义 5-35　设 $(R,+,\circ)$ 是环，$(D,+,\circ)$ 是其子环，如果对每个 $a\in R,d\in D$，有 $a\circ d\in D,d\circ a\in D$，则称 $(D,+,\circ)$ 是 $(R,+,\circ)$ 的理想子环，简称为理想.

以下是几种特殊的理想分类：

(1) **平凡理想**，如果上述 $D=R$ 或者 $D=\{0\}$，则称 $(D,+,\circ)$ 是 $(R,+,\circ)$ 的平凡理想；

(2) **真理想**，如果上述 $D\subset R$，则称 $(D,+,\circ)$ 是 $(R,+,\circ)$ 的真理想；

(3) **极大理想**，如果在真理想的前提下，不存在 $D\subset D'$，使得 $(D',+,\circ)$ 也是 $(R,+,\circ)$ 的真理想，则称 $(D,+,\circ)$ 是 $(R,+,\circ)$ 的极大理想；

(4) **主理想**，如果 $(D,+,\circ)$ 是 $(R,+,\circ)$ 的理想，对某个 $g\in D$，有 $D=\{a\circ g|a\in R\}$，则称 $(D,+,\circ)$ 为主理想. 此处 g 可看成是 $(D,+,\circ)$ 的生成元素，如果某个环的所有理想均是主理想，则此环称为**主理想环**.

实际上，以上各种理想均是某个环的子环.

例 5-20　设 $(D_1,+,\circ)$ 和 $(D_2,+,\circ)$ 是环 $(R,+,\circ)$ 的两个理想，试证明 $(D_1\bigcap D_2,+,\circ)$ 也是 $(R,+,\circ)$ 的理想.

证明：因为 $(D_1,+,\circ)$ 和 $(D_2,+,\circ)$ 均是理想，令 $a,b\in D_1\bigcap D_2,x\in R$，则有 $a,b\in D_1$，且 $a,b\in D_2$，所以 $a-b,a\circ b,x\circ a,a\circ x\in D$，并且 $a-b,a\circ b,x\circ a,a\circ x\in D_2$.

所以 $a-b,a\circ b,x\circ a,a\circ x\in D_1\bigcap D_2$.

所以 $(D_1\bigcap D_2,+,\circ)$ 是一个理想.

定义 5-36　如果 $(D,+,\circ)$ 是 $(R,+,\circ)$ 的一个理想，D 的陪集集合 $\{D+r|r\in R\}$ 构成一个环，运算定义为

$$(D+r_1)+(D+r_2)=D+(r_1+r_2),$$

$$(D+r_1)\circ(D+r_2)=D+r_1\circ r_2,$$

这样的环称为商环，表示为：$(R/D,+,\circ)$.

定义 5-37　如果一个环是具有乘单位元素且无零因子的交换环，则称此环为**整环**.

实际上整环又是一类特殊的环.

例如，代数系统 $(I,+,\times),(Q,+,\times),(R,+,\times)$ 均为整环.

例 5-21　证明代数系统 $(Z_3,\oplus,\otimes)$ 是整环，其中 $\oplus$ 和 $\otimes$ 是按模 3 同余类的加和乘，其中 $Z_3=\{[0],[1],[2]\}$.

证明：(1) 由例 5-18 可知：$(Z_3,\oplus,\otimes)$ 是个交换环.

(2) $(Z_3,\oplus,\otimes)$ 的乘单位元素是 $[1]$.

(3) 因为 $[1]\otimes[1]=[1]\neq[0]$，$[2]\otimes[2]=[1]\neq[0]$，所以 $(Z_3,\oplus,\otimes)$ 中无零因子.

由 (1)~(3) 可知 $(Z_3,\oplus,\otimes)$ 是整环.

定理 5-37　如果 $(R,+,\circ)$ 是整环，a 是其中的一个非零元素，且 $a\circ b=a\circ c$，则必有 $b=c$.

证明：若 $a\circ b=a\circ c$，则 $a\circ(b-c)=0$. 因为 $(R,+,\circ)$ 是整环，所以无零因子. 又因为 $a\neq 0$，所以应该有 $b-c=0$，则 $b=c$.

对于 $(Z_3,\oplus,\otimes)$,是一类常见的代数系统,其中有一些可以构成整环. 以下定理给出了构成整环需要满足的条件.

定理 5-38 如果 $(Z_n,\oplus,\otimes)$ 是一个整环当且仅当 n 是素数.

定义 5-38 如果 $(F,+,\circ)$ 是交换环,且存在乘单位元素和每个非零元素 $a\in F$,均存在乘逆元素 $a^{-1}\in F$,则称 $(F,+,\circ)$ 是**域**.

例如,$(R,+,\circ)$ 是一个域.

例 5-22 试证明 $(Z_3,\oplus,\otimes)$ 是一个域.

证明:因为由例 5-21 可知:$(Z_3,\oplus,\otimes)$ 是交换环,且存在乘单位元素 $[1]$;其中非零元素 $[1]$ 和 $[2]$ 均存在乘逆元素:$[1]^{-1}=[1]$,$[2]^{-1}=[2]$,所以 $(Z_3,\oplus,\otimes)$ 是一个域.

定理 5-39 每个域都满足消去律.

定理 5-40 域一定是整环.

此定理反过来未必成立,即整环不一定是域.

定理 5-41 有限整环一定是域.

证明:设 $(F,+,\circ)$ 是有限整环,故对任意 $a,b\in F$,当 $a\neq b$ 时,对于每个非零元素 $c\in F$,有 $a\circ c\neq b\circ c$(整环的消去律),另根据元素"$\circ$"的封闭性,有 $F\circ c=F$,存在 $d\in F$,使 $d\circ c=1$(此处 1 为乘单位元素),即 d 是 c 的乘逆元素,故有限整环一定是域.

例 5-23 指明 $(Q(\sqrt{2}),+,\times)$ 是否为整环? 是否为域?

解:由例 5-19 可知 $(Q(\sqrt{2}),+,\times)$ 是一个环,令 $x_1=a_1+b_1\sqrt{2}$,$x_2=a_2+b_2\sqrt{2}$,有

$$x_1\times x_2=(a_1\times a_2+b_1\times b_2)+(a_1\times b_2+b_1\times a_2)\sqrt{2} \tag{1}$$

$$x_2\times x_1=(a_2\times a_1+b_2\times b_1)+(b_2\times a_1+a_2\times b_1)\sqrt{2}$$

$$\tag{2}$$

由于运算 $\times$ 满足交换律,故(1)(2)式的右边相等,所以有 $x_1\times x_2=x_2\times x_1$,满足交换律,则有 $(Q(\sqrt{2}),+,\times)$ 是一个交换环,此时有乘单位元素 1.

如果 $a+b\sqrt{2}$ 是非零元素,则 a 和 b 至少有一个不是零,它的逆元素为

$$\frac{1}{a+b\sqrt{2}}=\frac{a}{a^2-2b^2}-\frac{b\sqrt{2}}{a^2-2b^2}\in Q(\sqrt{2})$$

存在乘逆元素,所以 $(Q(\sqrt{2}),+,\times)$ 是一个域,也是一个整环.

5.11　格与布尔代数

定义 5-39 如果 $(P,\wedge,\vee)$ 是一个偏序集,其中任意两个元素 a 和 b,有最小上界和最大下界,表示为

$$x\vee y=\mathrm{lub}(a,b),$$

$$x\wedge y=\mathrm{glb}(a,b),$$

则称 $(P, \wedge, \vee)$ 是一个**格**.

其中 $\mathrm{lub}(a,b)$ 表示 a,b 的最小上界; $\mathrm{glb}(a,b)$ 表示 a,b 的最大下界;运算 $\wedge$ 称为保交;运算 $\vee$ 称为保联.

如果 P 中元素是有限的,则称 $(P, \wedge, \vee)$ 为有限格.

并非任何偏序集都能构成格的. 例如,有 $P=\{2,3,4,6,8,9,12,18,24\}$,定义 P 上的整除关系为 $\leqslant$,则 $(A, \leqslant)$ 是偏序集,但不能构成格. 因为 $\mathrm{glb}(2,3)$ 不存在,即 2 和 3 无最大下界; $\mathrm{lub}(18,24)$ 不存在,即 18 和 24 无最小上界.

定义 5 - 40　如果 $(P, \wedge, \vee)$ 是格, A 是 P 的一个非空子集,若 $(A, \wedge, \vee)$ 也构成格,则称 $(A, \wedge, \vee)$ 是 $(P, \wedge, \vee)$ 的子格.

定理 5 - 42　如果 $(P, \wedge, \vee)$ 是格, $(A, \wedge, \vee)$ 是 $(P, \wedge, \vee)$ 的子格当且仅当 A 关于 $\wedge$ 和 $\vee$ 的运算是封闭的.

定义 5 - 41　设 $(P, \wedge_1, \vee_1)$ 和 $(Q, \wedge_2, \vee_2)$ 均为格,如果有映射 $f:P \to Q$,使得对任意 $a,b \in P$,有

$$f(a \wedge_1 b)=f(a) \wedge_2 f(b),$$

$$f(a \vee_1 b)=f(a) \vee_2 f(b),$$

则称 $(P, \wedge, \vee)$ 和 $(Q, \wedge, \vee)$ 是同态的. 若 f 分别是单射、满射、双射的,则称两个格分别是单同态、满同态、同构的.

定理 5 - 43　如果 $(P, \wedge, \vee)$ 是格,对任意 $a,b,c \in P$,有

(1) $a \leqslant a \vee b, b \leqslant a \vee b, a \vee b \geqslant a, a \vee b \geqslant b$;

(2) $a \leqslant c$ 且 $b \leqslant c \Rightarrow a \vee b \leqslant c, c \geqslant a$ 且 $c \geqslant b \Rightarrow c \geqslant a \vee b$;

(3) $a \wedge b \leqslant a, a \wedge b \leqslant b, a \geqslant a \wedge b, b \geqslant a \wedge b$;

(4) $c \leqslant a$ 且 $c \leqslant b \Rightarrow c \leqslant a \wedge b, a \geqslant c$ 且 $b \geqslant c \Rightarrow a \wedge b \geqslant c$.

上述定理是格中元素间具有的性质,常作为公理来引用.

定理 5 - 44　如果 $(P, \wedge, \vee)$ 是格,对任意 $a \in P$,有:(1) $a \vee a=a$;(2) $a \wedge a=a$.

证明:(1) 因为 $a \leqslant a \vee a$,又因为 $\leqslant$ 是自反的, $a \geqslant a$,根据定理 5 - 43 -(2) 得 $a \geqslant a \vee a$,由 $\leqslant$ 的反对称性得 $a \vee a=a$.

(2) 类似可证 $a \wedge a=a$.

本定理称为等幂律.

如果将格 $(P, \wedge, \vee)$ 中运算式的符号 "$\leqslant$","$\geqslant$","$\wedge$","$\vee$" 依次分别用 "$\geqslant$","$\leqslant$","$\vee$","$\wedge$" 替换,所得到的运算式称原式的对偶式,且互称对偶式,即原式也是替换式的对偶式.

可得如下对偶定理.

定理 5 - 45　在格 $(P, \wedge, \vee)$ 中,任何一个定理的对偶式也是一条定理.

有了对偶定理,对类似定理 5 - 44 中的 $a \wedge a=a$ 可直接得到.

定理 5 - 46　如果 $(P, \wedge, \vee)$ 是格,对任意 $a,b \in P$,有:(1) $a \vee b=b \vee a$;(2) $a \wedge b=b \wedge a$.

证明:因为 $a \vee b \geqslant b, a \vee b \geqslant a$,所以由定理 5 - 43 -(2) 得 $a \vee b \geqslant b \vee a$. 另有因为 $b \vee a \geqslant a, b \vee a \geqslant b$,所以同理有 $b \vee a \geqslant a \vee b$,根据偏序的反对称性,得 $a \vee b=b \vee a$.

(2) 又由对偶定理,可得 $a \wedge b = b \wedge a$ 成立.

本定理指出 $\wedge$ 和 $\vee$ 运算都满足交换律.

定理 5-47 如果 $(P, \wedge, \vee)$ 是格,对任意的 $a, b, c \in P$,有:(1) $a \vee (b \vee c) = (a \vee b) \vee c$;(2) $a \wedge (b \wedge c) = (a \wedge b) \wedge c$,即 $\wedge$ 和 $\vee$ 运算满足结合律.

定理 5-48 如果 $(P, \wedge, \vee)$ 是格,对任意的 $a, b \in P$,有:(1) $a \vee (a \wedge b) = a$;(2) $a \wedge (a \vee b) = a$,即 $\wedge$ 和 $\vee$ 运算满足吸收律.

定理 5-49 如果 $(P, \wedge, \vee)$ 是格,对任意的 $a, b \in P$,有:$a \wedge b = a$ 当且仅当 $a \vee b = b$.

证明:因为 $a \wedge b = a$,所以利用吸收律有

$$b = b \vee (b \wedge a) = b \vee (a \wedge b) = b \vee a = a \vee b,$$

所以 $a \vee b = b$. 又因为 $a \vee b = b$,所以由吸收律有

$$a = a \wedge (a \vee b) = a \wedge b,$$

所以 $a \wedge b = a$,故有 $a \wedge b = a$ 当且仅当 $a \vee b = b$.

定义 5-42 如果格 $(P, \wedge, \vee)$ 满足分配律,即对任意 $a, b, c \in P$,有:

$$(1) \ a \wedge (b \vee c) = (a \wedge b) \vee (a \wedge c);$$

$$(2) \ a \vee (b \wedge c) = (a \vee b) \wedge (a \vee c);$$

则称格 $(P, \wedge, \vee)$ 为分配格.

例 5-24 有一个格如图 5-6 所示,问它是否是分配格?

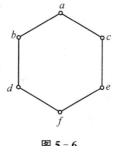

图 5-6

解:因为 $b \wedge (c \vee d) = b \wedge a = b$,又因为 $(b \wedge c) \vee (b \wedge d) = f \vee d = d$,所以

$$b \wedge (c \vee d) \neq (b \wedge c) \vee (b \wedge d).$$

故不满足分配律,不是分配格.

注意,并非所有的格都是分配格.

定义 5-43 设 a 是偏序集 $(P, \leqslant)$ 中的一个元素.

(1) 如果对每个 $x \in P$,有 $a \leqslant x$,则称 a 是 $(P, \leqslant)$ 的**下界**;

(2) 如果对每个 $x \in P$,有 $x \leqslant a$,则称 a 是 $(P, \leqslant)$ 的**上界**;

常称下界为最小元素,上界为最大元素.

定理 5-50 如果偏序集有上界和下界,则上、下界均是唯一的.

证明:反证法,设偏序集 $(P, \leqslant)$ 有两个下界 $a, b \in P$,因为 a 是偏序集 $(P, \leqslant)$ 的下界,所以 $a \leqslant b$,又因为 b 是 $(P, \leqslant)$ 的下界,所以 $b \leqslant a$,所以得到:$a = b$.

可以类似方法证明上界唯一性.

定义 5-44　如果格既有下界(记为 0),又有上界(记为 1),则称此格为**有界格**.

定理 5-51　如果 $(P,\wedge,\vee)$ 是有界格,对任意元素 $a\in P$,有

$$a\vee 1=1,a\vee 0=a,$$

$$a\wedge 1=a,a\wedge 0=0.$$

如果 $(P,\wedge,\vee)$ 是一个有限格,其中 $P=\{a_1,a_2,\cdots,a_n\}$,则其上界为 $a_1\vee a_2\vee\cdots\vee a_n$,下界为:$a_1\wedge a_2\wedge\cdots\wedge a_n$.

因此有结论:每个有限格均存在上界和下界.

定义 5-45　如果 $(P,\wedge,\vee)$ 是有界格,若对任意元素 $a\in P$,有一个元素 $\bar a\in P$,使得

$$a\vee\bar a=1,a\wedge\bar a=0,$$

则称 $(P,\wedge,\vee)$ 是**有补格**,$\bar a$ 称 a 的补元.

存在:$\bar 0=1,\bar 1=0,$

定义 5-46　如果格既是有补格,又是分配格,则称此类格为**有补分配格**.

定理 5-52　如果 $(P,\wedge,\vee)$ 是有补分配格,任一元素 $a\in P$ 的补元是唯一的.

定理 5-53　如果 $(P,\wedge,\vee)$ 是有补分配格,则对任意 $a,b\in P$,有:(1) $\overline{a\vee b}=\bar a\wedge\bar b$;(2) $\overline{a\wedge b}=\bar a\vee\bar b$.

本定理又称为德·摩根定理.

定义 5-47　设 $(B,\wedge,\vee,\neg,0,1)$ 为代数系统,"$\wedge$","$\vee$" 是 B 上的二元运算,"$\neg$" 为 B 上的一元运算,对任意 $a,b,c\in B$ 满足下列条件:

(1) $a\wedge b=b\wedge a,a\vee b=b\vee a$;　　　　　　　　　　　　(满足交换律)

(2) $a\wedge(b\vee c)=(a\wedge b)\vee(a\wedge c)$;

$a\vee(b\wedge c)=(a\vee b)\wedge(a\vee c)$;　　　　　　　　　　　(满足分配律)

(3) 在 B 中存在零元 0,使 $a\vee 0=a,a\wedge 0=0$,又存在单位元素 1,使 $a\wedge 1=a,a\vee 1=1$;

　　　　　　　　　　　　　　　　　　　　　　　　　　　　　　(同一律)

(4) $\neg a\in B$,使 $\neg a\wedge a=0,\neg a\vee a=1$,　　　　　　　(互补律)

则称此代数系统为布尔代数(或布尔格).

我们常用到二值布尔代数.

设有集合 $B=\{0,1\}$,B 上定义三个运算 "$\wedge$","$\vee$","$\neg$" 如下:

$\wedge$	0	1
0	0	0
1	0	1

$\vee$	0	1
0	0	1
1	1	1

$$\neg 1 = 0, \neg 0 = 1,$$

则 $(B, \wedge, >, \neg, 0, 1)$ 是布尔格, 又称二值布尔代数.

定义 5 - 48　设 $(B, \wedge, \vee, \neg, 0, 1)$ 是布尔代数, 函数 $f: B^n \rightarrow B$ 称为 B 上的一个 n 元布尔代数.

常把函数 $f: \{0,1\}^n \rightarrow \{0,1\}$ 称为 **n 元开关函数**.

任何 n 元开关函数有 2^n 种变元的组合, 而每种变元的组合, 可以对应于 $0, 1$ 两个值, 因此共有 2^{2^n} 种不同的 n 元开关函数.

小　结

运算的概念与性质, 各种事物的相互作用, 均可视为运算, 理解抽象的运算符及抽象的运算对象, 常见的一元运算、二元运算.

讨论最多的二元运算常满足或不满足结合律、交换律、等幂律、分配律、吸收律等. 其中常见的广义的运算符"∘"和"∗"等可以根据具体情况赋予其特定的含义.

代数系统的封闭性、单位元素、零元素、逆元素、子代数系统等概念要清楚.

广群、半群、单元半群的特征及判定.

群和子群的特征及判定.

群有多种类型, 有限群与无限群、平凡群、交换群(或称阿贝尔群)、循环群、置换群、n 次对称群、陪集、正规子群、商群等概念及相关性质. 与群相关的拉格朗日定理.

同态、同构概念及相关公式要熟练掌握.

$$f(a \circ b) = f(a) * f(b).$$

环、理想、整环和域是含两个运算符的代数系统, 了解清楚各运算符的本身特征及两种运算符之间的联系, 环是一个大概念, 理想、整环、域实际上是具有各自特性的、特殊的环.

格是建立在偏序集上讨论的代数系统, 各种特殊的格要区分.

布尔代数是一类特殊的格, 计算机科学中常用到二值布尔代数.

习　题

1. 验证在自然数集 **N** 上, 下列定义的运算是否是可结合的.

(1) $a * b = a - b$; 　　　　(2) $a * b = \max(a, b)$;

(3) $a * b = a + 2b$; 　　　　(4) $a * b = |a - b|$.

2. 设有集合 $A = \{1, 2, \cdots, 10\}$, 对任意 $a, b \in A$, 验证下列运算中关于集合 A 的封闭性.

(1) $a * b = \max(a, b)$;

(2) $a * b = \min(a, b)$;

(3) $a * b = \text{Lcm}(a, b), a, b$ 的最小公倍数;

(4) $a * b = \text{Gcd}(a, b), a, b$ 的最大公约数.

3. 集合 **Q** 为有理数集,其上定义 $*$ 为:$a*b=a+b-a\cdot b$,求 $(\mathbf{Q},*)$ 的单位元素.

4. 设 A 为非空有限集合,构作代数系统 $(\rho(A),\bigcup,\bigcap)$,求 $\rho(A)$ 对 $\bigcup$ 运算的单位元素和零元素以及 $\rho(A)$ 对 $\bigcap$ 运算的单位元素和零元素.

5. 在下表所列出的集合和运算中,根据运算是否封闭,在相应位置上填写"是"或"否".

运算是否封闭集合	$+$	$-$	$\times$	$\|x-y\|$	max	min	$\|x\|$
整数集 **I**							
自然数集 **N**							
$\{x\|0\leqslant x\leqslant 16\}$							
$\{x\|-20\leqslant x\leqslant 20\}$							
$\{5x\|x\in\mathbf{I}\}$							

6. 对于代数系统 $(\mathbf{N},+)$,其中 **N** 为自然数集,"$+$"为普通加法,试找出存在逆元素的元素.

7. 设集合 $F=\{f\|f:A\rightarrow A\}$,"$\circ$"为函数的复合运算,问代数系统 $(F,\circ)$ 的单位元素和可逆元素是什么?

8. 讨论代数系统 $(\{a,b,c\},*)$,其中 $*$ 定义如下表所示,讨论 $*$ 是否可交换、可结合? 是否有单位元素、零元素? 每个元素是否有逆元素?

$*$	a	b	c
a	a	b	c
b	b	a	c
c	c	c	c

9. **Q** 为有理数集,**Q** 上的运算"$*$"定义为 $a*b=a+b-ab$.

(1) 求 $(\mathbf{Q},*)$ 的单位元素;

(2) 求 $(\mathbf{Q},*)$ 中元素 a 的逆元素(若存在时);

(3) 求 $5*6,2*(-5),9*\frac{1}{3}$.

10. 如果一个代数系统 $(A,*)$ 含有单位元素,那么什么条件下可以保证一个元素的左逆元素必定等于右逆元素,且一个元素的逆元素是唯一的,并给予证明.

11. 设有代数系统 $(\mathbf{R},*)$,其中 **R** 是实数集,运算 $*$ 定义为:$x*y=[x,y]$,符号 $[x,y]$ 表示不小于 x 和 y 的最小整数,又设:

$H_1=\{x\|0\leqslant x\leqslant 100,x\in\mathbf{R}\}$;

$H_2=\{x\|0\leqslant x<100,z\in\mathbf{R}\}$.

问 $(H_1,*)$ 和 $(H_2,*)$ 能否构成 $(\mathbf{R},*)$ 的子代数系统?

12. 设有代数系统 $(A,*)$,对任意 $a,b,c,d\in A$.有

(1) $a*a=a$;

(2) $(a*b)*(c*d)=(a*c)*(b*d)$.

试证明:$a*(b*c)=(a*b)*(a*c)$.

13. 定义正整数集 $\mathbf{I}^+$ 上的两个运算为

(1) $a*b=a^b$;(2) $a \circ b=a \cdot b, a,b\in\mathbf{I}_+$.

试证明:"$*$"对"$\circ$"是不可分配的.

14. 设有代数系统 $(A,*,\circ)$,其中"$*$"和"$\circ$"均为二元运算,并分别具有单位元素 e_1 和 e_2.已知运算"$*$"和"$\circ$"相互之间均是可分配的,试证明对于 A 中任意的元素 x,有 $x*x=x \circ x=x$.

15. 下列代数系统中,哪个是单元半群? 并给予证明.

(1) $(\mathbf{R},*)$,其中 $\mathbf{R}$ 为实数集,$a*b=\sqrt{a^2+b^2}$;

(2) $(\mathbf{R},*)$,其中 $\mathbf{R}$ 为实数集,$a*b=\sqrt[3]{a^3+b^3}$;

(3) $(\mathbf{I},\max)$,其中 $\mathbf{I}$ 是整数集,$\max(x,y)$ 是二元运算,试求两个数 x,y 的较大者.

16. 说明下列运算中,关于整数集能否构成半群? 给出理由.

(1) $a*b=b$;

(2) $a*b=\max(a,b)$;

(3) $a*b=2 \cdot a \cdot b$;

(4) $a*b=|a-b|$.

17. 设 $(A,*)$ 是单元半群,对任意 $a,b\in A,a,b$ 均有逆元素 $a^{-1},b^{-1}\in A$,求:$(a^{-1})^{-1}$ 和 $(a*b)^{-1}$.

18. 设 A 是一个非空集合,A 上的运算定义为:$a*b=a$,假定 a 的元素数目大于 1. 问:(1) $(A,*)$ 是半群否? (2) $(A,*)$ 是交换半群否? (3) $(A,*)$ 有单位元素否?

19. 说明为什么 $(\rho(A),\bigcap)$ 是单元半群.

20. 设有代数系统 $(A,*)$,其中 $A=\{a,b,c\}$,$*$ 运算定义为:

$*$	a	b	c
a	a	b	c
b	b	a	a
c	c	a	a

问 $(A,*)$ 是否为半群? 是否为单元半群? 为什么?

21. 设 $A=\{a,b\},S=\{f \mid f$ 是从 A 到 A 的函数$\}$,"$\circ$"为函数的复合运算.

(1) 构造 $(S,\circ)$ 的运算表;

(2) 说明 $(S,\circ)$ 是否是单元半群.

22. 对于正整数 K,$N_K=\{0,1,2\cdots,K-1\}$,设 $*_K$ 是 N_K 上的一个二元运算,使得 $a*_K b$ 为用 K 除 $a \cdot b$ 所得的余数,这里 $a,b\in N_K$.

(1) 当 $K=4$ 时,试构造 $*_4$ 的运算表;

(2) 对于任意正整数 K,证明 $(N_K,*_K)$ 是一个半群.

23. 设 $(S,*)$ 是一个半群,$a\in S$. 在 S 上定义一个二元运算 $\square$,使得对于 S 中的任意元素 x 和 y,都有 $x\square y=x*a*y$.

试证明二元运算 $\square$ 是可结合的.

24. 设 * 是实数集 **R** 上的二元运算,使得对于 R 中的任意元素 a,b,都有 $a*b=a+b+a\cdot b$.

试证明 $(\mathbf{R},*)$ 是单元半群.

25. 设 $(S,*)$ 是一个半群,而且对于 S 中的元素 a 和 b,如果 $a\neq b$ 必有 $a*b\neq b*a$.试证明:

(1) 对于 S 中的每个元素 a,有:$a*a=a$;

(2) 对于 S 中任意元素 a,b,有:$a*b*a=a$;

(3) 对于 S 中任意元素 a,b,c,有:$a*b*c=a*c$.

26. 如果 $(S,*)$ 是半群,且运算"*"是可交换的,称 $(S,*)$ 为交换半群.证明:如果 S 中有元素 a,b,使得 $a*a=a,b*b=b$,则有 $(a*b)*(a*b)=a*b$.

27. 证明任意半群都可通过添加一个单位元素而扩展为一个单元半群.

28. 循环群 $(Z_3,\oplus)$ 的生成元素是 $[1]$、$[2]$,它们的阶是多少?$(Z,\oplus)$ 的阶是多少?单位元素是什么?

29. 6 阶群的任何子群一定不会是下列哪一个?说明理由.

(1) 3 阶的　　(2) 2 阶的　　(3) 4 阶的　　(4) 6 阶的

30. 设有代数系统 $(\mathbf{Q},\times)$,其中 **Q** 为有理数集,运算"×"为普通乘法,问它是否能构成下列特定的代数系统?并说明理由.

(1) 半群　　(2) 交换半群　　(3) 群　　(4) 单元半群

31. 已知 $(G,\otimes_7)$ 是群,其中 $G=\{1,2,3,4,5,6\}$,$\otimes_7$ 是模 7 乘法.

(1) 试构造其运算表;

(2) 找出元素 2 的生成子群,其阶数为多少?

32. 试证明群中只能有一个等幂元素.

33. 设 **N** 为自然数集合,在 **N** 上定义运算 *,对任意 $a,b\in\mathbf{N},a*b=a+b+3$,试说明 $(\mathbf{N},*)$ 能否构成群.

34. 对有限群而言,什么情况下它无非平凡子群?

35. 当 $|G|=8$ 时,群 $(G,*)$ 又可能有多少阶的非平凡子群?不可能有多少阶的子群?找出其平凡子群.

36. 说明循环群一定是交换群,而交换群是否一定为循环群呢?

37. 设 $A=\{a,b\}$,试构造代数系统 $(\rho(A),\bigcup)$ 的运算表,并指出是否存在单位元素、零元素,$(\rho(A),\bigcup)$ 能否构成群?为什么?

38. 设 $G=\{2^m\times5^n\mid m,n\in\mathbf{I}\}$,"×"是普通乘法运算,问 $(G,\times)$ 是否构成群?为什么?

39. 设 $(Z_6,\oplus_6)$ 是一个群,其中 $\otimes_6$ 是模 6 加法,$Z_6=\{[0],[1],[2],[3],[4],[5]\}$,试找出 $(Z_6,\oplus_6)$ 中的所有子群.

40. 设 a 是群 $(G,*)$ 的等幂元素,则 a 一定是单位元素.

41. 设 $(G,*)$ 是一个群,$a,b\in G$ 且 $(a*b)^2=a^2*b^2$.试证明:$a*b=b*a$.

42. 设 $(A,*)$ 为代数系统,* 运算满足如下定义:

*	a	b	c	d
a	a	b	c	d
b	b	a	d	a
c	c	d	b	d
d	d	b	b	e

分析 $(A, *)$ 能否构成群,并说明理由.

43. 设 x 是群 $(G, \circ)$ 中给定的一个元素,其逆元素为 x^{-1},对 G 定义一个新的运算 $*$:对任意 $a, b \in G, a * b = a \circ x^{-1} \circ b$,试证明 $(G, *)$ 也是一个群.

44. 设 $(G, *)$ 是任一群,定义 $R \subseteq G \times G$ 为

$$R = \{(x, y) \mid 存在 z \in G 使得 y = z * x * z^{-1}\},$$

验证 R 是 G 上的等价关系.

45. 设 $(H, *)$ 是群 $(G, *)$ 的子群,如果 $A = \{x \mid x \in G, x * H * x^{-1} = H\}$,试证明 $(A, *)$ 是 $(G, *)$ 的一个子群.

46. 设 $(A, *)$ 是有限的可交换单元半群,且对任意的 $a, b, c \in A$,等式 $a * b = a * c$ 蕴含着 $b = c$,试证明 $(A, *)$ 是阿贝尔群.

47. 设 $(G, *)$ 是群,对任意的 $a \in G$,令 $H = \{y \mid y * a = a * y, y \in G\}$,试证明 $(H, *)$ 是 $(G, *)$ 的子群.

48. 设 $A = \{x \mid x \in R$ 并且 $x \neq 0, 1\}$,在 A 上定义 6 个函数如下:

$$f_1(x) = x, \qquad f_2(x) = \frac{1}{x} \qquad f_3(x) = 1 - x.$$

$$f_4(x) = \frac{1}{1-x}, \qquad f_5(x) = \frac{x-1}{x}, \qquad f_6(x) = \frac{x}{x-1},$$

令 $F = \{f_i \mid i = 1, 2, \cdots, 6\}$,函数的复合运算 "$\circ$" 作为 F 上的二元运算.

(1) 求复合运算 "$\circ$" 的运算表;

(2) 验证 $(F, \circ)$ 是一个群.

49. 设 $(G, *)$ 是群,且 $|A| = 2n, n \in \mathbf{N}$. 试证明在 G 中至少存在元素 $a \neq e$,使得 $a * a = e$,其中 e 是单位元素.

50. 设 $(G, *)$ 是一个群,$H \subseteq G, H \neq \varnothing$ 且 H 中的元素都是有限阶的,运算在 H 中封闭,则 $(H, *)$ 是 $(G, *)$ 的子群.

51. 设 $(G, *)$ 是一个群,试证明如果对任意的 $a, b \in G$,都有 $a^3 * b^3 = (a * b)^3$,$a^4 * b^4 = (a * b)^4$,$a^5 * b^5 = (a * b)^5$,则 $(G, *)$ 是一个阿贝尔群.

52. 设有一代数系统 $(\mathbf{I}, *)$ 满足封闭性,其中 $\mathbf{I}$ 为整数集,运算 $*$ 定义为:对于任意的 $a, b \in \mathbf{I}, a * b = a + b - 5$,证明 $(\mathbf{I}, *)$ 是群.

53. 证明阶是素数的群必定是循环群.

54. 证明如果 $(G, *)$ 是阿贝尔群,则对任意 $a, b \in G$,有 $(a * b)^n = a^n * b^n$.

55. 群 $(Z_6, \oplus_6)$ 中子群的集合 $H = \{[0], [3]\}$,求其左陪集和右陪集,问左、右陪集是否相等.

56. 设$(H,*)$是$(G,*)$的子群,证明$H=Ha$当且仅当$a\in H$.

57. 在环$(S,+,\circ)$中计算$(a+b)^3$,$a,b\in S$.

58. 已知$A=\{(a,b)|a、b为整数\}$,讨论代数系统$(A,+,*)$是否为环? 是否为整环? 其中

$$(a,b)=(c,d)\Leftrightarrow a=c\text{ 且 }b=d,$$

$$(a,b)+(c,d)=(a+c,b+d),$$

$$(a,b)*(c,d)=(ac,bd).$$

59. 已知环$(R,+,\circ)$的$(R,+)$是循环群,证明R是可交换环.

60. 设$(A,+,\circ)$是一个环,并且对于任意的$a\in A$,都有$a\circ a=a$,此环称为布尔环.
证明:(1) 对于任意的$a\in A$,都有$a+a=0$,其中 0 是加法单位元素;
(2) $(A,+,\circ)$是可交换环.

61. 在整数集 I 中定义"$*$"和"$\circ$"两个运算,对任意$a,b\in$ I. 有

$$a*b=a+b-1,a\circ 6=a+b-a\cdot b.$$

证明$(I,*,\circ)$是含乘单位元素的交换环.

62. 证明在有界分配格中,若一个元素有补元,则其补元必唯一.

63. 分析下面偏序集中能构成有界格的是哪一个:
(1) $(N,\leqslant)$;　　　　　　　(2) $(\mathbf{I},\geqslant)$;
(3) $A=\{a,b,c\}(\rho(A),\subseteq)$;　　(4) $(\{2,3,4,5,6,12\},|)$.
其中$\geqslant$为大于等于关系,$\leqslant$为小于等于关系,$\subseteq$为包含关系,$|$为整除关系.

64. 设$(A,\leqslant)$是分配格,则对任意$a,b,c\in A$,证明如果有$a\wedge b=a\wedge c,a\vee b=a\vee c$成立,则有$b=c$.

65. 设$A=\{2,3,6,12,24,36\}$,在 A 上定义整除关系$|$,问:
(1) $(A,|)$是否偏序集,若是,画出哈斯图;
(2) $(A,|)$是否为格.

66. 设$(A,\leqslant)$是格,哈斯图如下:

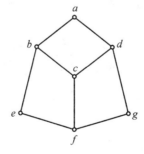

$A=\{a,b,c,d,e,f,g\}$,取$A_1=\{a,b,c,d\}$,$A_2=\{a,b,df\}$,$A_3=\{b,c,d,f\}$,问$(A_1,\leqslant),(A_2,\leqslant),(A_3,\leqslant)$哪个是$(A,\leqslant)$的子格?

67. 在下面哈斯图表示的有界格中,哪些元素有补元? 如果存在,请指出.

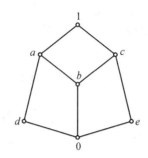

68. 下图表示一个有补格$(L,\vee,\wedge)$的哈斯图,确定L中每个元素的补元.

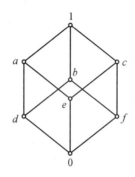

69. 举例说明不是每个有补格都是分配格,也不是每个分配格都是有补格.

70. 设$(A,\leqslant)$是一个格,任取a,b且$a\leqslant b,a\neq b$构造集合$B=\{x\mid x\in A\text{ 且 }a\leqslant x\leqslant b\}$,则$(B,\leqslant)$也是一个格.

71. 证明在格中,若$a\leqslant b\leqslant c$,则

(1) $a\vee b=b\wedge c$;

(2) $(a\wedge b)\vee(b\wedge c)=b=(a\vee b)\wedge(a\vee c)$.

72. 设L是有补格,证明若$|L|\geqslant 3$,且L是一条链,则L不是有补格.

73. 设$(L,\leqslant)$是格,证明对于任意的$a,b,c\in L$,有:$a\wedge(b\vee c)=(a\wedge b)\vee(a\wedge c)$成立,则$a\vee(b\wedge c)=(a\vee b)\wedge(a\vee c)$也成立,反之亦然.

74. 设$(L,\leqslant)$为一分配格,对于任意的$x,y\in L$,求证如果$x\wedge a=y\wedge a,x\vee a=y\vee a$,此处$a\in L$,则$x=y$.

75. $(D_{36},\mid)$是一格,其中$D_{36}=\{1,2,3,4,6,9,12,18,36\}$,$\mid$是整除运算,问:(1) 画出哈斯图.(2) $(D_{36},\mid)$是分配格吗? (3) $(D_{36},\mid)$是有补格吗?

第6章

图　论

图论以它固有的特性及直观性,应用于各个科学领域,在计算机科学中起着特殊的作用.图论在理论和应用方面均具有较成熟的研究,本书不是研究图论的专门书籍,所以仅对图的一般概念、常见的一些特殊图及计算机科学中常见的一些应用给予介绍.

6.1　图的基本概念

简单地说,一个图是由一些点和线构成.

定义 6 - 1　一个图 $G=(V,E)$ 是二元组,其中(1) $V=\{v_1,v_2,\cdots,v_n\}$ 是有限的非空结点集合,其中 v_i 称为结点(常简称为点);(2) E 称为 G 的边集,边连结两点,表示为 (v_i,v_j),也可用 e_k 表示边.

图中的每条边均与两个点相连,边可以有方向(用有序偶表示),也可以无方向(用无序偶表示).

如果图 G 中的每条边均带有方向(见图 6 - 1(a)),则称图 G 为**有向图**.

如果图 G 中的每条边均不带有方向(见图 6 - 1(b)),则称图 G 为**无向图**.

注意:有向图的每条边均有始点和终点;无向图则不论方向,每条边连接两个点.

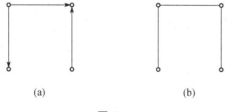

(a)　　　　　　　　　　(b)

图 6 - 1

本书主要介绍无向图,若无特别说明,均指无向图.

例 6 - 1　如图 6 - 2 所示为无向图,列出其点集和边集.

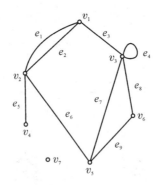

图 6 - 2

解:此图有 7 个点、9 条边,可表示为

$V = \{v_1, v_2, v_3, v_4, v_5, v_6, v_7\}$,

$E = \{(v_1, v_2), (v_1, v_2), (v_1, v_3), (v_3, v_3), (v_2, v_4), (v_2, v_5), (v_3, v_5), (v_3, v_6), (v_5, v_6)\}$

或 $E = \{e_1, e_2, e_3, e_4, e_5, e_6, e_7, e_8, e_9\}$.

联结同一条边的两个结点称为**相邻点**;联结同一个点的边称为**相邻边**,或称与某点关联的边.联结同一点的一条边称为**环**(如图 6 - 2 中的 e_4).

如果一个图中的两个结点间有两条以上的边,称它们为**平行边**(如图 6 - 2 中的 e_1 和 e_2),具有平行边的图称为**重图**.

如果图中的点不与其他任何结点相邻,则称其为孤立点(如图 6 - 2 中的 v_7).

本书主要研究无平行边、也无环的简单图.

我们常把具有 n 个结点、m 条边的图称为 (n, m) 图,特殊情况 $(1, 0)$ 图称为**平凡图**.

在图 $G = (V, E)$ 中,如果 $V \neq \varnothing, E = \varnothing$,则称此种图为零图,当 $|V| = n, E = \varnothing$ 时,称其为 n 阶零图.

定义 6 - 2　设 $G = (V, E)$ 是一个图,结点 V 的相邻边的数目称为 V 的次数(或度数),用 $\deg(V)$ 表示.若 V 有环,则次数增加 2.

根据上述定义,每条边的次数计算两次.

定理 6 - 1　设 G 是 (n, m) 图,其中结点集 $V = \{v_1, v_2, \cdots, v_n\}$,则有

$$\sum_{i=1}^{n} \deg(v_i) = 2m.$$

本定理指出了图的一个特征,即结点次数总和等于边数目的两倍.

例如,在图 6 - 2 中,$\deg(v_1) = 3, \deg(v_2) = 4, \deg(v_3) = 5, \deg(v_4) = 1, \deg(v_5) = 3$, $\deg(v_6) = 2, \deg(v_7) = 0$,有

$$\sum_{i=1}^{7} \deg(v_i) = 3 + 4 + 5 + 1 + 3 + 2 = 18 = 2 \times 9.$$

如果一个结点的次数是奇数,则称此结点为奇数结点,如果一个结点的次数是偶数,则称此结点为偶数结点.

定理 6 - 2　在任何一个图 G 中,奇结点的数目一定是偶数.

证明:设在 (n, m) 图 G 中,V_1 是奇数结点的集合,V_2 是偶数结点集合,则有

$$\sum_{v \in V_1} \deg(v) + \sum_{v \in V_2} \deg(v) = \sum_{v \in V} \deg(v) = 2m.$$

因为 $\sum_{v \in V_2} \deg(v)$ 是偶数,所以 $\sum_{v \in V_1} \deg(v)$ 也是偶数,V_1 中结点数目一定是偶数,即偶数个奇数结点才会使 $\sum_{v \in V_1} \deg(v)$ 为偶数.

定义 6 - 3 对一个简单无向的 (n,m) 图,如果其中的每个结点都与其余的 $n-1$ 个结点有边相连,则该图称为**完全图**.

一个 (n,m) 完全图的边、点关系为: $m = n(n-1)/2$.

如图 6 - 3 所示的两个图即是完全图.

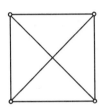 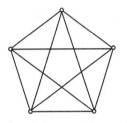

(a) 四个结点的完全图　　　　　　　　(b) 五个结点的完全图

图 6 - 3

定义 6 - 4 如果一个无向图 G 的每个结点的次数都是 K,则称图 G 为 K 次规则图.

如图 6 - 4 所示的两个图都是规则图.

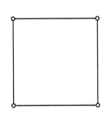 

(a) 两次规则图　　　　　　　　(b) 三次规则图

图 6 - 4

定义 6 - 5 设图 $G = (V, E)$,$\overline{G} = (\overline{V}, \overline{E})$,如果有 $\overline{V} \subseteq V, \overline{E} \subseteq E$,则称 $\overline{G}$ 是 G 的**子图**;如果 $\overline{V} \subseteq V, \overline{E} \subset E$,则称 $\overline{G}$ 是 G 的**真子图**;如果有 $\overline{V} = V, \overline{E} \subset E$,则称 $\overline{G}$ 是 G 的**生成子图**.

例如,在图 6 - 5 所示中,(b)是(a)的子图、真子图、生成子图;(c)是(a)的真子图,但不是生成子图.

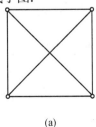 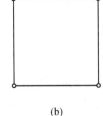 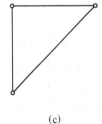

(a)　　　　　　　(b)　　　　　　　(c)

图 6 - 5

定义6-6 设图 $G=(V,E)$ 和 $\overline{G}=(\overline{V},\overline{E})$，如果存在双射 $f:V\to\overline{V}$，使得 $(v_i,v_j)\in E$，当且仅当 $(f(v_i),f(v_j))\in\overline{E}$，则称 G 和 $\overline{G}$ 同构.

例6-2 如图6-6所示，问(a)、(b)两个图是否同构？

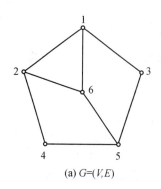
(a) $G=(V,E)$

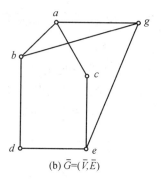
(b) $\overline{G}=(\overline{V},\overline{E})$

图6-6

解：可建立双射函数如下：
$$f(1)=a, f(2)=b, f(3)=c, f(4)=d, f(5)=e, f(6)=g,$$

有边的对应关系为

$$(1,2)\in E，当且仅当(a,b)\in\overline{E},$$
$$(1,3)\in E，当且仅当(a,c)\in\overline{E},$$
$$(1,6)\in E，当且仅当(a,g)\in\overline{E},$$
$$(2,4)\in E，当且仅当(b,d)\in\overline{E},$$
$$(2,6)\in E，当且仅当(b,g)\in\overline{E},$$
$$(3,5)\in E，当且仅当(c,e)\in\overline{E},$$
$$(4,5)\in E，当且仅当(d,e)\in\overline{E},$$
$$(5,6)\in E，当且仅当(e,g)\in\overline{E},$$

所以 G 和 $\overline{G}$ 是同构的.

实际上，点的对应关系是千变万化的，不一定是 1 对 a，2 对 b 等. 较复杂的图，可先选次数最大的点找对应. 例如，一个图最高次数的点其次数为 10，另一个图最高次数的点其次数为 9，则这两个图肯定不同构.

6.2　图的连通性

定义6-7 图 $G=(V,E)$ 中任意边的序列 $e_1,e_2,\cdots,e_n\in E$ 称为两点间长度为 n 的**通路**，其中 e_i 是关联于结点 v_{i-1},v_i 的边.

上述定义中相邻的边是关联于同一结点的，边也可以用结点对来表示，v_0 和 v_n 分别称为通路的始点和终点. 边的数目称为通路的长度. 当 $v_0=v_n$ 时，此通路特称为**回路**.

定义6-8 如果通路中，每条边只出现过一次，则称此通路是**简单通路**；如果在一条回路中,每条边只出现一次,则称此回路是**简单回路**.

定义6-9 如果通路中,每个结点只出现过一次,则称此通路是**基本通路**;如果在一条回路中,除首尾两结点外,每个结点只出现一次,则称此回路是**基本回路**.

注意:基本通路必是简单通路,基本回路必是简单回路,但反之未必成立.

例6-3 如图6-7所示,$P_1=(a,b,c,d,b,e,d,b,c)$是从 a 到 c 的长度为8的一条通路,由于(d,b)边在序列中出现两次,故不是简单通路.

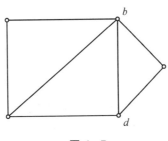

图6-7

$P_2=(b,c,d,b,e,a)$是长度为5的简单通路,但不是基本通路,因为 b 点出现两次.

$P_3=(e,b,d,c)$是长度为3的基本通路.

$C_1=(a,b,c,d,b,e,a)$是长度为6的简单回路,但不是基本回路,因为结点 b 出现过两次.

$C_2=(a,b,d,e,a)$是长度为4的简单回路,也是基本回路.

$C_3=(a,b,c,d,b,a)$既不是简单回路,也不是基本回路.因为边(a,b)出现两次,结点 b 出现两次.

定理6-3 在具有 n 个结点的图 G 中结点 v_1 到 v_m 存在一条通路当且仅当从 v_1 到 v_m 存在一条长度不大于 $n-1$ 的基本通路.

本定理意味着对于一条非基本通路,可以消去一些边而转换为一条基本通路.

定义6-10 对于图 G 中的两个结点 v_i 和 v_j 间存在通路,则称两个结点 v_i 和 v_j 是**连通**的;如果图 G 中任意两个结点均是连通的,则称 G 是**连通图**,否则是**非联通图**.

如果图 G 有 n 个子图,每个子图均是连通的,则图 G 具有 n 个连通子图.

如果图 G 中任意一个连通子图不与别的连通子图连通,则此种连通子图是图 G 的一个**独立子图**.

例6-4 如图6-8所示.

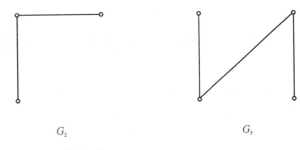

G_1 G_2 G_3

图6-8

(1) G_3 是具有 4 个结点的连通图；

(2) 如果将 G_2 和 G_3 看成一个图，则它是具有 7 个结点的非连通图；

(3) 如果将 G_1，G_2，G_3 看成一个图，则它是具有 8 个结点的非连通图，它有 3 个独立子图，分别为 G_1，G_2，G_3.

利用图的连通性，可以解决不少的实际应用问题.

例 6-5 设有 5 个人分别称为 a,b,c,d,e，它们各自懂得的语言如下：

a：会说汉语和英语.

b：会说汉语和日语.

c：会说汉语、日语和德语.

d：会说英语、俄语和法语.

e：会说俄语、德语和法语.

问：他们之间是否任何两个人都可进行语言交流（可通过 5 人中的其他人作翻译）？

解 把 5 个人和 6 种语言都用结点表示，各人和所懂语言的关系用边表示，能否相互交流变为任何两人之间是否存在一条通路的问题，根据所画的图可知（如图 6-9 所示），这是一个连通图，所以他们任何两人均可进行语言交流.

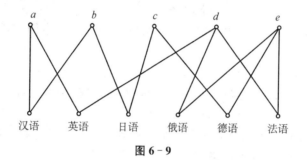

图 6-9

定义 6-11 设图 G 中结点 v_i 和 v_j 是连通的，它们之间存在一条或一条以上的通路，其中长度最短的通路称为 v_i 和 v_j 之间的短程线，其长度称为 v_i 和 v_j 之间的距离，用 $d(v_i,v_j)$ 来表示.

例如，图 6-9 中点 a 到 b 有一条以上的通路，但最短的 $d(a,b)=2$.

定理 6-4 设图 $G=(V,E)$，具有 n 个结点，对任意的连通结点 $v_i,v_j \in V(v_i \neq v_j)$，其短程线是长度最多为 $n-1$ 的一条简单通路.

本定理指明了图 G 中简单通路和短程线及其长度之间的关系.

6.3 欧拉图与哈密顿图

1736 年，数学家欧拉作为图论的主要创始人，在研究了哥尼斯堡七桥问题后，发表论文解决了长期悬而未决的两个小岛及七座桥的问题，即河中有两个小岛，岛与岛之间、岛与河岸之间共架有七座桥，如图 6-10 所示. 当时争论的问题是：是否能从 A,B,C,D 任意一处出发，经过每座桥一次而且仅仅一次再返回到原处（即相应的简单回路是否存在）？

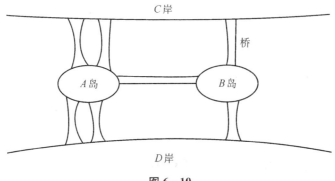

图 6 - 10

看似简单的问题,当时争论很久却无结论.而欧拉得知后,经研究,将问题抽象为图,如图 6 - 11 所示.其中 A, B 代表两个岛, C, D 代表两岸,7 条边代表七座桥.欧拉提出结论,认为本问题无解,从而解决了这个难题.根据欧拉的研究,得出欧拉图及欧拉回路的概念.

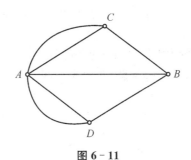

图 6 - 11

定义 6 - 12 经过连通图 G 中每条边一次而且仅仅一次的回路称为 G 的**欧拉回路**;具有欧拉回路的图称为**欧拉图**.

可以通过图 G 中结点和边的连接情况来判定是否有欧拉回路,即有如下定理:

定理 6 - 5 连通图 G 是欧拉图当且仅当 G 中每个结点的次数均为偶数.

根据此定理,图 6 - 11 中的哥尼斯堡七桥图不满足每个结点次数都为偶数的条件,故可直接判定是非欧拉图.

由于起点及走边次序不同,欧拉回路通常不唯一.

定义 6 - 13 经过连通图 G 中每条边一次而且仅仅一次的通路称为欧拉通路.

用类似判欧拉回路的方法,有下述判定是否存在欧拉通路的定理:

定理 6 - 6 连通图 G 中的两个结点 v_i 和 v_j 之间存在欧拉通路当且仅当 G 中只有 v_i 和 v_j 是奇结点.

如图 6 - 12(a)所示是欧拉图,其中一条欧拉回路为

$$(a, b, c, d, e, f, b, e, c, f, a).$$

图 6 - 12(b)中只有 f 和 c 是奇结点,其余均是偶结点,故有欧拉通路为:$(f, a, b, c, d, e, f, b, e, c)$ 其长度为 9,图(b)不是欧拉图.

欧拉通路和欧拉回路主要研究图中边的情况,而实际应用中,常要研究图中点的情况,从而出现了哈密顿图的概念.

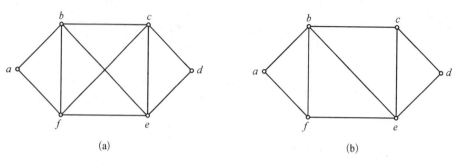

图 6‐12

定义 6‐14 经过图 G 的每个结点一次而且仅仅一次的回路称为**哈密顿回路**,具有哈密顿回路的图称为**哈密顿图**.

定义 6‐15 经过图 G 的每个结点一次,而且仅仅一次的通路称为哈密顿通路.

到目前为止,还未找到一种判断哈密顿图的充分必要条件.

常用 E 图来表示欧拉图,用 H 图来表示哈密顿图,以及各自相应的 E 回路和 H 回路.

例如,在图 6‐13 中,其中:

(a) 有哈密顿通路,无哈密顿回路,不是哈密顿图;

(b) 既有哈密顿通路,又有哈密顿回路,是哈密顿图;

(c) 既无哈密顿通路,又无哈密顿回路,不是哈密顿图.

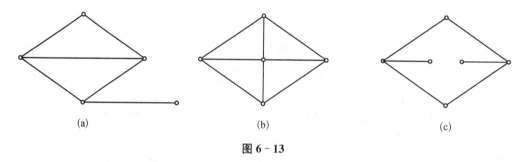

图 6‐13

注意:(1) E 通、回路是指图 G 中所有的边均要涉及,而简单通、回路未要求涉及整个图 G 中的边,可以只涉及部分边,故 E 通、回路是简单通、回路的特例.

(2) 类似有 H 通、回路是指图 G 中所有的点均要涉及,而基本通、回路未要求涉及整个图 G 中的点,可以只涉及部分点,故 H 通、回路是基本通、回路的特例.

6.4 图的矩阵表示

为了便于计算,图可以用矩阵来表示,适合于在计算机上进行计算. 常见有两类矩阵用于表示图.

定义 6‐16 设有图 $G=(V,E)$,令 $M=[m_{ij}]$ 是 $n \times m$ 阶矩阵,m_{ij} 定义为

$$m_{ij}=\begin{cases} 1, & \text{如果结点 } v_i \text{ 和边 } e_j \text{ 相关联,} \\ 0, & \text{其他情况,} \end{cases}$$

则称 M 是 G 的关联矩阵.

定义 6 - 17 设有图 $G=(V,E)$,令 $A=[a_{ij}]$ 是 $n\times n$ 阶矩阵,a_{ij} 定义为

$$a_{ij}=\begin{cases}1,当(v_i,v_j)\in E,\\0,当(v_i,v_f)\notin E,\end{cases}$$

则称 A 是 G 的相邻矩阵.

例 6 - 6 给出图 6 - 14 所示图的关联矩阵和相邻矩阵.

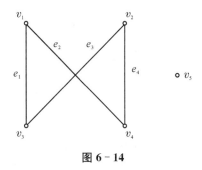

图 6 - 14

解:关联矩阵为

$$M=\begin{array}{c}\\v_1\\v_2\\v_3\\v_4\\v_5\end{array}\begin{array}{cccc}e_1 & e_2 & e_3 & e_4\\\left[\begin{array}{cccc}1 & 1 & 0 & 0\\0 & 0 & 1 & 1\\1 & 0 & 1 & 0\\0 & 1 & 0 & 1\\0 & 0 & 0 & 0\end{array}\right]\end{array}$$

相邻矩阵为

$$A=\begin{array}{c}\\v_1\\v_2\\v_3\\v_4\\v_5\end{array}\begin{array}{ccccc}v_1 & v_2 & v_3 & v_4 & v_5\\\left[\begin{array}{ccccc}0 & 0 & 1 & 1 & 0\\0 & 0 & 1 & 1 & 0\\1 & 1 & 0 & 0 & 0\\1 & 1 & 0 & 0 & 0\\0 & 0 & 0 & 0 & 0\end{array}\right]\end{array}$$

可利用相邻矩阵 A 的乘法运算来判断图 G 的连通性.

定理 6 - 7 设 $G=(V,E)$ 是具有 n 个结点的图,其相邻矩阵为 A,则 $A^k(k=1,$ $2,\cdots,n)$ 的第 (i,j) 个元素是由 v_i 到 v_j 的长度等于 k 的通路的数目(其中 A^k 表示 k 个 A 做矩阵乘法).

例 6 - 7 如图 6 - 15,求其相邻矩阵 A 及相应的 A^2,A^3,A^4 矩阵,并找出 v_2 与 v_1 间各种长度的通路.

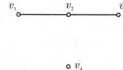

图 6 - 15

解:先求得相邻矩阵为

$$A=\begin{array}{c}\ \ \ \ v_1\ v_2\ v_3\ v_4\\ \begin{array}{c}v_1\\ v_2\\ v_3\\ v_4\end{array}\begin{bmatrix}0&1&0&0\\ 1&0&1&0\\ 0&1&0&0\\ 0&0&0&0\end{bmatrix}\end{array},\ A^2=A\times A=\begin{bmatrix}1&0&1&0\\ 0&2&0&0\\ 1&0&1&0\\ 0&0&0&0\end{bmatrix},$$

$$A^3=A^2\times A=\begin{bmatrix}0&2&0&0\\ 2&0&2&0\\ 0&2&0&0\\ 0&0&0&0\end{bmatrix},\ A^4=A^3\times A=\begin{bmatrix}2&2&0&0\\ 0&4&0&0\\ 2&0&2&0\\ 0&0&0&0\end{bmatrix}.$$

v_2 和 v_1 是连通的:

(1) 长度为 1 的通路是 (v_2,v_1) 其反映在矩阵 A 的第 2 行第 1 列的元素为 1,表示有 1 条通路;

(2) 长度为 2 的通路不存在,反映在阵 A^2 矩阵的第 2 行第 1 列为 0;

(3) 长度为 3 的通路有 2 条:$P_1=(v_2,v_1,v_2,v_1)$,$P_2=(v_2,v_3,v_2,v_1)$,反映在 A^3 矩阵的第 2 行第 1 列元素为 2.

(4) 长度为 4 的通路不存在,A^4 中相应元素为 0.

由定理 6 - 7,还可有下列对应关系.

(1) $d(v_i,v_j)$ 是使得 A^k 的第 (i,j) 个元素为非零的最小整数 k(其中 $v_i\neq v_j$).

(2) $a_{ii}^{(k)}$ 表示开始并结束于 v_i 长度为 k 的回路数目.

(3) $a_{ij}^{(k)}=0(i\neq j)$ 表示 v_i 到 v_j 无长度为 k 的通路存在.

(4) 对矩阵 $A'=A+A^2+\cdots+A^n$,如果 v_i 与 v_j 之间没有基本通路,则 A' 的第 (i,j) 个元素是零,此时说明 v_i 和 v_j 属于不同的独立子图. 故是连通图当且仅当 A' 除对角线外全是非零元素.

图的矩阵表示有助于我们从理论及应用方面对图进行研究.

6.5 权图、最小权通路和最小权回路

定义 6 - 18 对图 $G=(V,E)$ 中的每条边 e_i 赋予一个非负数据 $W(e_i)$,称 $W(e_i)$ 为边 e_i 的权,每条边带有权的图称为权图.

定义 6 - 19 图 G 中通路 P 的权是指该通路中各条边的权之和,即 $W(P)=\sum\limits_{e_i\in P}W(e_i)$.

定义 6‑20 图 G 中**回路** C **的权**是指该回路中各条边的权之和,即 $W(C)=\sum\limits_{e_i\in C}W(e_i).$

通常从 v_i 到 v_j 两结点之间的通路有若干条,每条通路都可以有自己的权,在实际应用中最常见的是其中权最小的那条通路,称其为**最小权通路**;类似地,回路也有若干条,而最常用到的是其中权最小的那条回路,称其为**最小权回路**.

权图中每条边上所标识的数值,即权值是一个抽象数值,它可以被赋予不同的含义,如公路图中每条道路的距离、工期图中阶段完成的时间等.

当图中带权后,为了计算方便,可用带权图的矩阵来表示.

定义 6‑21 设有图 $G=(V,E),G$ 的**权图矩阵** $D=[d_{ij}]$,其中

$$d_{ij}=\begin{cases} W(v_i,v_j), & \text{当}(v_i,v_j)\in E, \\ \infty, & \text{当}(v_i,v_j)\notin E, \\ 0, & \text{当}\ v_i=v_j. \end{cases}$$

例 6‑8 给出图 6‑16 所示图的对应矩阵 D.

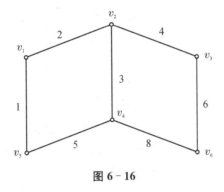

图 6‑16

解:

$$D=\begin{array}{c} \\ v_1 \\ v_2 \\ v_3 \\ v_4 \\ v_5 \\ v_6 \end{array} \begin{array}{cccccc} v_1 & v_2 & v_3 & v_4 & v_5 & v_6 \\ \left[\begin{array}{cccccc} 0 & 2 & \infty & \infty & 1 & \infty \\ 2 & 0 & 4 & 3 & \infty & \infty \\ \infty & 4 & 0 & \infty & \infty & 6 \\ \infty & 3 & \infty & 0 & 5 & 8 \\ 1 & \infty & \infty & 5 & 0 & \infty \\ \infty & \infty & 6 & 8 & \infty & 0 \end{array}\right] \end{array}$$

最小权哈密顿回路是常见的问题,作为 H 回路的一个应用或形象的比喻,是**推销员问题**(或早期所称货郎担问题).假定有一推销员从他所在城市出发去访问另外 $n-1$ 个城市,要求每个城市经过一次而且仅仅一次,然后返回原来所在城市,要求旅行路线最经济.用图论观点来看,就是要找一条权最小的哈密顿回路,即最小权哈密顿回路.经过多年研究,至今还未找到一种完美的解决办法,本书介绍一种"近邻法",此方法能较好地解决此问题,但用此法求得的 H 回路未必就是最小权 H 回路,但起码很接近最小权 H 回路.

近邻法按如下步骤进行:

(1) 设 $G=(V,E)$ 是具有 n 个结点的带权完全图;

（2）任取 G 中一结点作为起始点，找出与其之间权最小的一个相邻结点，以构成一条边的初始通路；

（3）设 x 为刚加到 通路上的一个结点，在所有不在此通路上的结点中，选一个与 x 之间权最小的相邻结点，并将 x 与此相邻结点连接的边加到这条通路上，重复此步骤，直到 G 中每个结点均加到此通路上为止.

（4）将最后加入的结点和始点相连的那一条边加到已形成的通路上，所形成的回路就是一条 H 回路.

例 6 - 9 设图 6 - 17 是一个带权的完全图，用"近邻法"求 H 回路，问其是否为最小权 H 回路？

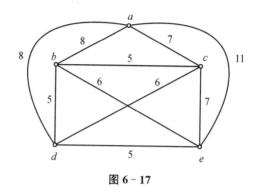

图 6 - 17

解：求解过程用图 6 - 18(a)～(e)表示，结点 a 作为始点，图(e)是最终的 H 回路，其权为 33，而实际最小哈密顿回路为 31（由观察法得到），如图 6 - 19 所示. 故用"近邻法"求得的 33 是接近于实际 31 的权值，而非最小权 H 回路.

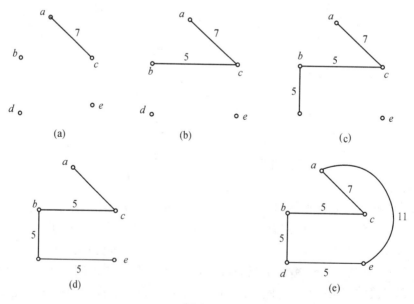

图 6 - 18

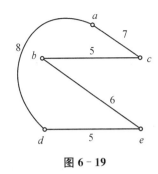

图 6 - 19

邮路问题是与欧拉图相关的典型应用. 假定一个邮递员从邮局出发沿着相关的街道送信, 然后返回邮局, 他应如何选择路线, 才能使他所走的实际路线最短, 这是图论中涉及边的与欧拉图相关的问题. 如果邮递员所走的路线对应的图恰好是欧拉图, 则只要他按欧拉图的欧拉回路行走即可, 但实际上其行走路线未必构成欧拉图, 这样有些街道(图中的边)就会重复经过. 如果所要走的街道图是具有从 v_i 到 v_j 的欧拉通路的连通图, 则只要找出 v_i 到 v_j 的欧拉通路及 v_i 到 v_j 的最小权通路, 将这两条通路合并在一起就是最小权回路.

例 6 - 10 试寻找图 6 - 20 中的最小权回路.

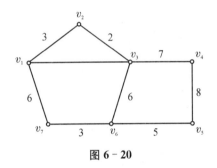

图 6 - 20

解: 此图是非欧拉图, 但它具有欧拉通路为 $(v_1, v_2, v_3, v_4, v_5, v_6, v_7, v_1, v_3, v_6)$, 即 v_1 和 v_6 间有欧拉通路. v_1 和 v_6 间的最小权通路为 (v_1, v_7, v_6).

将上述两条通路合并, 即

$$(v_1, v_2, v_3, v_4, v_5, v_6, v_7, v_1, v_3, v_6, \ v_7, v_1),$$

即得到这一条具有最小权的邮路.

对一般情况有下述结论:

设 C 是图 G 中一条包含 G 的所有边的回路, 则 C 具有最小权当且仅当:

(1) 每条边最多重复一次;

(2) 在 G 的每条回路上, 有重复边的权之和小于回路权的一半.

6.6 树

树是一种特殊的图, 在计算机科学中应用很广, 如算法分析、数据结构、程序设计等方面.

定义 6-22 树 T 是不包含任何回路的连通图.

进一步可以定义根树的概念.

定义 6-23 具有结点集 V 的根树 T 是一棵树,具有:(1) T 有一特定的结点 $v_1 \in V$,称为树的根;(2) 去掉跟 v_1 后 T 的子图为:$T_1,T_2,\cdots,T_s$,其中每个 T_i 又是一棵树($i=1,2,\cdots,s$).

上述定义说明每棵树将根去掉后,会形成若干子树,原与被去掉的根直接相连的结点成为各子树的根,而所得子树还可进一步分解.

除树根外,那些次数大于或等于 2 的结点又称为树的**分支结点**,次数为 1 的结点称为**叶节点**.

从树根到某一结点 v 的通路长度称为 v 的级.

例如,在图 6-21 中,v_1 是树根;v_2,v_3,v_7 是分支结点;v_4,v_5,v_6,v_8,v_9 是叶(结点).

v_2,v_3 的级为 1;v_4,v_5,v_6,v_7 的级为 2;v_8,v_9 的级为 3.

v_1 有两棵子树,子树的根分别为 v_2 和 v_3.

利用树形结构可以直观地反映事物的某些逻辑关系.

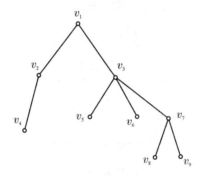

图 6-21

常用家族关系来对应说明树中各结点的关系.

例 6-11 将表达式 $x*y+u*v \div z$ 用树来表示.

解:规定某种访问树结点的次序后,可画出如图 6-22 所示的树.

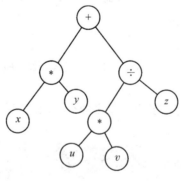

图 6-22

定理 6-8 设 T 是树,v_i 和 v_j 是其中任意两个不同的结点,则 v_i 和 v_j 之间存在一条唯一的通路,如果再加上一条边 (v_i,v_j),则可得到一条唯一的简单回路.

定理 6-9 对于一棵具有 n 个结点、m 条边的树 T,则边、点具有如下关系:

$$m = n - 1.$$

上述定理说明一个 (n, m) 图如果是树的话,必有特定的边数与点数关系的公式.

定义 6-24 t 棵树的集合称为森林($t > 0$).

定理 6-10 如果树 T 是具有 n 个结点、m 条边的森林,且具有 t 棵子树,则有

$$m = n - t.$$

例 6-12 用上述定理验证如图 6-23 中的边、点关系.

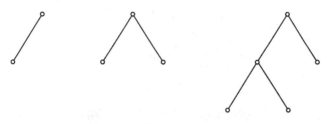

图 6-23

解:此图可看成三棵子树,若将它们放在一起可构成一个森林,其中

$$m = 7, n = 10, t = 3,$$

$$m = n - t = 10 - 3 = 7,$$

故符合上述定理.

将图 6-23 的三棵子树的根同时连到一个结点 v 上,就构成了一棵具有 11 个结点的树,其中 v 是根节点,另又增加了三条边,根据定理 6-9 有

$$m = n - 1 = 11 - 1 = 10.$$

树可以有多种定义方法.

定义 6-25 (1) 任意两个结点间存在唯一通路的图是树;

(2) (n, m) 图边和结点满足 $m = n - 1$ 且无回路的图是树;

(3) 连通图,但删掉一条边后不连通且无回路的图是树;

(4) 连通图的边和结点满足 $m = n - 1$ 是树;

(5) 连通无回路,但增加一条新的边后,得到一条且仅有一条回路.

定义 6-26 如果一棵树 T,其每个结点最多有两棵子树,则称 T 为**二叉树**,出现在左边的子树称为**左子树**;出现在右边的子树称为**右子树**;如果 T 的每个结点都有两棵子树(叶节点除外),则称 T 为**完全二叉树**.

在数据结构课程中,对二叉树的访问有一系列的方法,可有效地访问到二叉树的所有结点,如常见的先根次序遍历法、中根次序遍历法、后根次序遍历法.二叉树结构是数据结构中最常用的方法之一,非常重要.

定义 6-27 设 G 是连通图,G 的一棵生成树 T_G 是包含 G 的所有结点的树.

我们可以通过一定的方法将一个连通图 G 转变为生成树.

算法:

(1) 令 G 为 G_1, 置 $i=1$;

(2) 若 G_i 无回路, 则 $T_G=G_i$, 生成树找到;

(3) 否则, 在 G_i 中消去一回路 C_i 的一条边, 得到图 G_{i+1};

(4) $i:=i+1$, 返回(2).

例 6-13 图 6-24 所示的图是一个连通图 G, 求它的生成树.

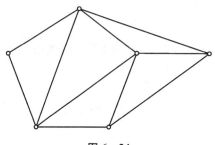

图 6-24

解: 按上述算法每次去掉一个回路的一条边, 其过程如图 6-25 所示.

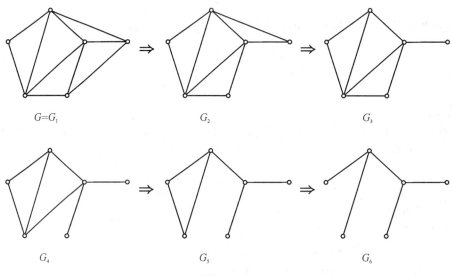

图 6-25

得到 G_6 生成树.

注意: 通常生成树不是唯一的, 原因是每次去掉的边及次序会有所不同.

对于一个 (n,m) 连通图, 要生成的生成树的形状会有所不同, 但所去掉的边数是恒定的, 所得生成树 T_G 是 $(n,n-1)$ 图, 固定消去的边数 $m-(n-1)$ 这个数称为 (n,m) 图的**秩**.

所去掉的每条边称为 G 的**弦**.

例如, 上例是 $(6,10)$ 图, 除去的边数是 $10-(6-1)=5$, 故此例中 5 是 $(6,10)$ 图的秩.

对于带权的连通图, 由于所求出的生成树不唯一, 则各生成树的权(所有边的权相加)也不同, 其中最常用的是所有生成树中权最小的生成树, 简称**最小生成树**. 可对上述生成树算法作一改进: 在第(3)步中去掉回路 G_i 中权最大的边即可.

我们还可以通过在原连通图的基础上, 在没有边的点集上逐步添加边的方法来得到最小生成树.

算法如下：

设 $G=(V,E)$ 是具有 n 个结点$(n\geqslant 2)$的完全图,由 $G_i=(V,E_i)$ 来逐步构造 G 的最小生成树 T_G.

(1) i 从 1 开始,令 G_i 取 G 中权最小的边(得到第一条边);

(2) 若 G_i 已是 G 的生成树,则令 $T_G=G_i$;

(3) 否则在 $E-E_i$ 中找一条权最小的边,加入 G_i,且不能形成回路,得到 $G_{i+1}=(V,E_{i+1})$图;

(4) $i=i+1$,返回(2).

本算法是建立在 G 是完全图的基础上的.

例 6 - 14 如图 6 - 26 所示的图是某公路网抽象成的连通图(以百公里为单位),用上述算法求其最小生成树,写出每一步.

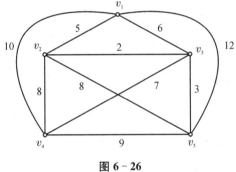

图 6 - 26

解:本题是具有 5 个结点的完全图,按上述算法得出最小生成树的步骤如图 6 - 27 所示.

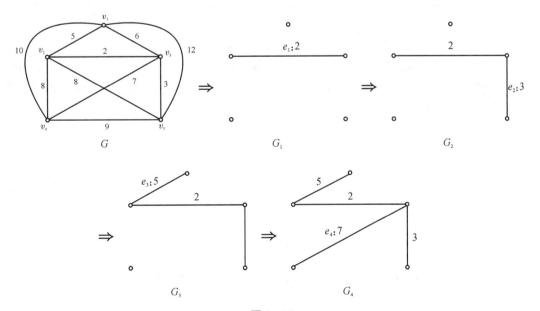

图 6 - 27

$T_G = G_4$，得到的最小生成树权之和为：17(百公里).

注意：上题中边(v_1, v_3)的权为 6 未选中，而选中的边(v_3, v_4)的权为 7，原因是若选(v_1, v_3)会构成回路，故不选它.

6.7 二分图

定义 6-28 如果图 $G = (V, E)$ 的结点集能分成两个子集 V_1 和 V_2（$V_1 \cup V_2 = V$，$V_1 \cap V_2 = \varnothing$），使得同一子集中的任意两个结点无边相连，则称 G 是二分图.

定义 6-29 如果图 $G = (V, E)$ 是简单二分图，且 V_1 中的每个结点都与 V_2 中的每个结点直接有边相连，则称图 G 为**完全二分图**，若 $|V_1| = m$，$|V_2| = n$，则此时图可记为 $K_{m,n}$.

根据定义，二分图中无环，与二分图中任意一条边相关联的两个结点一定分别属于两个互补结点集 V_1 和 V_2.

如图 6-28(a)所示是一般的二分图，(b)是完全二分图.

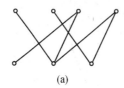
(a)

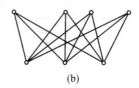
(b)

图 6-28

定理 6-11 一个图是二分图当且仅当其所有回路的长度都是偶数.

例 6-15 问一个 $K_{m,n}$ 完全二分图共有多少条边？

解：设此图有 V_1 和 V_2 两个互补结点集，因为 V_1 中的每个结点都与 V_2 中的每个结点相邻接，所以 V_1 中每个结点关联 V_2 的有 n 条边；而 V_1 中共有 m 个结点，所以 $K_{m,n}$ 共有 $m \times n$ 条边.

例 6-16 有 3 名教师，他们合作能教语文、数学、英语三门课. 其中赵老师能教语文；钱老师能教数学和英语；孙老师能教语文、数学和英语，问如何分配各名教师上课是合理的？

解：可以有多种分配方法，可先用二分图表示出教师与他们各自所能教的课程之间的关系，如图 6-29 所示.

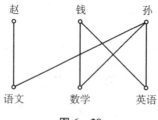

图 6-29

可以看出，其中一种分配方法是赵教语文、孙教数学、钱教英语，如图 6-30 所示.

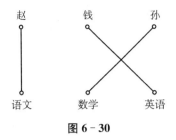

图 6-30

匹配是二分图的一种重要应用.

定义 6-30 设 G 是具有互补结点子集 V_1 和 V_2 的二分图,V_1 到 V_2 的一个匹配是 G 的一个子图,此子图具有如下形式的 r 条边:

$$(v_{11}, v_{21}), (v_{12}, v_{22}), \cdots, (v_{1r}, v_{2r})$$

其中 $v_{11}, v_{12}, \cdots, v_{1r} \in V_1$,$v_{21}, v_{22}, \cdots, v_{2r} \in V_2$ 且 $v_{2i} \neq v_{2j}$.

由此定义可以看出匹配图中任意两条边都不相邻. 例如,图 6-31(a)是具有互补结点子集 V_1 和 V_2 的二分图,(b)是一种可能的匹配.

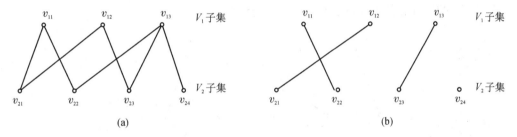

图 6-31

注意:并非所有的二分图都有匹配,如图 6-32 就没有匹配.

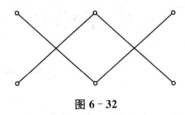

图 6-32

那么什么样的二分图一定存在匹配呢?

定理 6-12 设 G 是二分图,它具有互补结点子集 V_1 和 V_2,那么 G 有一个从 V_1 到 V_2 的匹配当且仅当 V_1 中每 k 个结点($k=1,2,\cdots,|V_1|$)至少要与 V_2 中 k 个结点连通(本条件称为相异性条件).

定理 6-13 设 G 是二分图,它具有互补结点子集 V_1 和 V_2,那么 G 有 V_1 到 V_2 的匹配的条件是:存在整数 $t>0$. (1) V_1 中每个结点至少存在 t 条邻边;(2) V_2 中每个结点至多存在 t 条邻边.

上述两个条件称为"t"条件.

证明:如果(1)成立,则与 V_1 中 k($1 \leqslant k \leqslant |V_1|$)个结点相关联的边的总数至少为

$k \cdot t$, 由(2) V_2 中至少要有 k 个结点成为这些边的端点(相关联), 故 V_1 中的每 k 个结点 ($k=1,2,\cdots,|V_1|$) 至少与 V_2 中 k 个结点连通, 由定理 6-12 可知, G 存在 V_1 到 V_2 的匹配.

例 6-17 设如图 6-33 所示是一个二分图, 问是否存在从 V_1 到 V_2 的匹配, 若存在则画出匹配图.

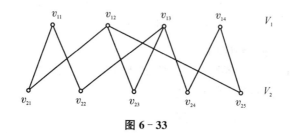

图 6-33

解: 它满足"t 条件"($t=2$); 也满足相异条件.

因为每 k 个结点(例如 $k=3$), V_1 中的 V_{11}, V_{12}, V_{13} 与 V_2 中有 5 个结点相关联, 所以满足相异条件.

V_1 到 V_2 的一种可能的匹配如图 6-34 所示.

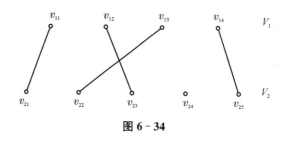

图 6-34

6.8　平面图

定义 6-31 如果一个图 G 能画在平面上, 它的边都不相交(除结点处), 则称图 G 是**平面图**; 否则称为**非平面图**.

当一个图 G 的所有分图都是平面图时, G 是一个平面图, 因此我们只要研究连通的平面图即可.

注意: 由于在画一个图 G 时, 没有规定唯一的几何形状, 只要画出 G 的结点与边的连接即可, 有些画法上有边相交的图, 经过对某些边的移动, 使这些边不相交, 还平面图的本来面目, 如图 6-35 所示.

其中(b)是把(a)中的 v_1 点连边(v_1, v_4)向右拉开所得, 是平面图, 实际上(a)和(b)是同一个图的不同画法; 同理(d)是将(c)中的(v_2, v_3), (v_2, v_6), (v_3, v_6)三条边分别拉到六边形之外而得, 所以是同一个平面图.

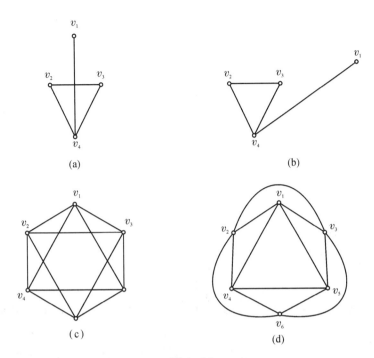

图 6 - 35

但并不是所有的连通图都可以改变形状来使其变为无边相交的平面图的(如图6-36所示),称(a)为 K_5 图、(c)为 $k_{3.3}$ 图,(b)和(d)分别是它们的变形图,但不是平面图.

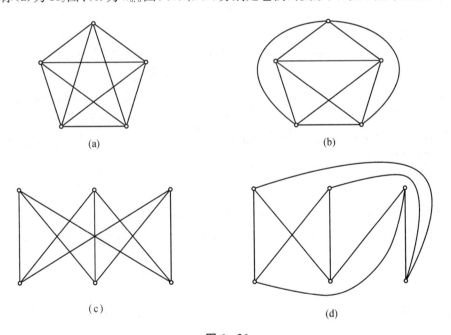

图 6 - 36

定义 6 - 32 设 G 为平面图,由图的边所包围的一块面积,其中既不包含图的结点,也不包含图的边,则称其为平面图的**区域**.

上述定义意味着一个平面图的区域是由边围成的,它不可以再分成更小的子区域. 每个平面图均有一个特殊的面积为无限的**无限区域**,而其余面积为有限的区域称为**有限区域**. 例如,图 6-37 中,r_1、r_2、r_3 为有限区域,r_4 为无限区域.

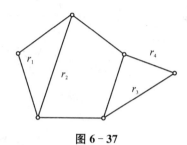

图 6-37

注意:任何一个有限区域至少要有三条边围成.

定理 6-14　任何一个连通平面图 G,均有

$$V-e+r=2,$$

其中 V 代表 G 的结点数,e 代表 G 的边数,r 代表 G 的区域数,定理中的公式被称为平面图的欧拉公式.

注意:$V-e+r=2$ 只适合于连通平面图的情况. 由于区域数在很多情况下不容易从图上看出来,人们研究出下面一些定理来找出不同类型平面图应该满足的不等式.

定理 6-15　如果任何一个连通无环的平面图 $G=(V,E)$,其每个区域由三条或三条以上的边组成,则有不等式

$$e\leqslant 3v-6.$$

对于图 6-35(c),$v=6$,$e=12$,满足不等式 $12\leqslant 3\times 6-6$,故它是平面图.

而对图 6-36(a),$v=5$,$e=10$,不满足上述不等式,故它不是平面图.

对于图 6-36(c),$v=6$,$e=9$,也满足 $9\leqslant 3\times 6-6$,但它不是平面图,原因是它的每个区域至少由四条边构成,故不能用 $e\leqslant 3v-6$ 不等式来判别,要用另外的不等式来判别.

定理 6-16　如果任何一个连通无环的平面图 $G=(V,E)$,其每个区域由四条或四条以上的边组成,则有不等式

$$e\leqslant 2v-4.$$

用此不等式来判定图 6-36(c)有:$9\leqslant 2\times 6-4$ 不成立,故其不是平面图.

定理 6-17　如果任何一个连通无环的平面图 $G=(V,E)$,其每个区域由五条或五条以上的边组成,则有不等式

$$3e\leqslant 5v-10.$$

定理 6-18　一个图是平面图当且仅当它不包含与 $K_{3,3}$ 或 K_5 在 2 次结点内同构的子图.

6.9 有向图

在无向图的基础上,对边加上方向可构成有向图.

定义 6-33 **有向图** D 是由结点集合 $V=\{v_1,v_2,\cdots,v_n\}$ 和有方向的边集 $E\subseteq V\times V$ 组成的.

有向图中的边是由结点的有序偶组成的,即边具有方向性.用 (a,b) 表示有向边,称 a 为始点、b 为终点,在图中用箭头标出方向,(a,b) 和 (b,a) 是不同的两条边.

图 6-38 中的 e_2 和 e_3 均是以 v_1 为始点、v_3 为终点的同方向的两条边,称它们是平行边;e_7 是**环**;e_4 和 e_6 是两条不同方向的边,是**非平行边**;具有平行边的图称为重图,否则称为**简单有向图**.

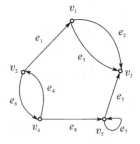

图 6-38

定义 6-34 对有向图中的结点 v,以 v 为始点的边数称为 v 的引出次数,以 v 为终点的边数称为 v 的引入次数,v 的引入、引出次数之和称为 v 的全次数.

根据有向图的特征,图的各结点的引入次数之和正好等于各结点的引出次数之和,并且正好等于图的边数.

有向图中的通路必须顺箭头走向,其中的边不能有逆向的,通、回路概念类似于无向图.

定理 6-19 具有 n 个结点的简单有向图,其中任一条基本通路的长度小于 n.

如果有向图中存在从 v_i 到 v_j 的有方向的通路,则称 v_i 到 v_j 是连通的.

定义 6-35 对有向图 D,若每对结点都是相互连通的,则 D 称为**强连通图**;若每对结点至少有一个方向是连通的,则 D 称为**单向连通图**;若至少有一对结点不满足单向连通,但去掉边的方向后从无向图的观点看是连通图,则 D 称为**弱连通图**.

本定义中三种图的关系如图 6-39 所示.

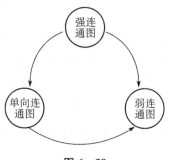

图 6-39

对简单有向图 $D=(V,E)$ 来说,可将 E 看成是 V 上的二元关系.

对于任一有向图,均可用矩阵来表示,通常用相邻矩阵 M 来表达.

定义 6-36   设 $D=(V,E)$ 是有向图,$V=\{v_1,v_2,\cdots,v_n\}$,则 D 的相邻矩阵 $M=(m_{ij})_{n\times n}$,其中

$$m_{ij}=\begin{cases}1,\text{如果}(v_i,v_j)\in E,\\0,\text{如果}(v_i,v_j)\notin E.\end{cases}$$

例 6-18   图 6-40 是一有向图,求其相邻矩阵.

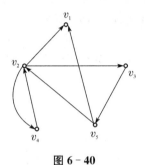

图 6-40

解:其相邻矩阵如下:

$$M=\begin{array}{c}\\v_1\\v_2\\v_3\\v_4\\v_5\end{array}\begin{array}{c}\begin{array}{ccccc}v_1&v_2&v_3&v_4&v_5\end{array}\\\begin{bmatrix}0&0&0&0&0\\1&0&1&1&0\\0&0&0&0&1\\0&1&0&0&0\\1&1&0&0&0\end{bmatrix}\end{array}$$

定理 6-20   设 M 是具有 n 个结点的有向图 D 的相邻矩阵,则 $M^n=(a_{ij})$ 中的 a_{ij} 表示从结点 v_i 到 v_j 长度是 n 的通路数目.

M^n 矩阵的求法和无向图时一样.

定理 6-21   设有向图 D 的相邻矩阵是 M,共有 n 个结点,令 $Q=M+M^2+\cdots+M^{n-1}$,则 D 是强连通图当且仅当 Q 矩阵除主对角线无元素等于零.

小   结

图 $G=(V,E)$ 的定义与表示,强调 V 是非空结点集,E 是边集.

无向图中的边均无向;有向图的边要用有序偶 (a,b) 表示.

n 阶零图与平凡图的相同与不同.

相邻边和相邻结点.

结点 v_i 的次数 $\deg(v_i)$ 及相关奇、偶结点的概念,(n,m) 图的第一条定理 $\sum\limits_{i=1}^{n}\deg(v_i)=2m$.

完全图及其边、点公式 $m=n\cdot(n-1)/2$.

k 次正则图的判定.

同构图及其证明.

连通图及其通路、回路概念,分清基本通(回)路和简单通(回)路的概念.

简单有向图及强连通、单向连通、弱连通的判定.

图的矩阵表示重要,主要有关联矩阵和相邻短阵.

权图及最小权通、回路.

欧拉通路、欧拉回路及欧拉图的判定.

哈密顿通路、哈密顿回路及哈密顿图的判定.

树的多种定义方法.

普通树和根树的区别.

树的分支结点、叶结点、结点的级.

生成树及最小生成树,它们相应的算法.

二叉树及完全二叉树.

二分图及完全二分图的定义,二分图的两个互补结点子集 V_1,V_2.

匹配的定义及有关相异条件、t 条件.

平面图和非平面图的区别与判定,如何将有边相交的平面图转画成无边相交的平面图形式.

平面图中区域(有限、无限)的判定.

平面图的欧拉公式 $V-e+r=2$ 及其应用.

判定平面图的几个不等式.

习　　题

1. 无向图 $G=(V,E)$ 是 $(7,28)$ 图(即 $n=7,m=28$),问 G 是简单图还是多重图? 说明理由.

2. 图 $G=(V,E)$ 有 6 个结点,其度数分别为 $1,4,4,3,5,5$,问 G 有多少条边?

3. 三个结点可以构成多少个不同构的简单无向图? 并将这些图画出来.

4. 设无向图 $G=(V,E)$ 中,$|E|=12$,若 G 中有 6 个 3 次结点,其余结点次数均小于 3,则 G 中至少要有多少个结点? 根据是什么?

5. 说明图 G_1 和 G_2 是否同构.

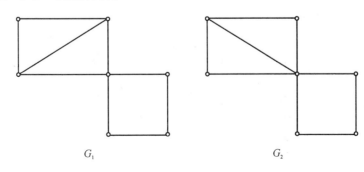

G_1　　　　　G_2

6. 某次开会的人员到会后相互握手,试说明与奇数个人握手的人数一定是偶数.

7. 问{7,4,2,9,6,1}是否可以是一个图 G 的结点次数的序列? 为什么?

8. 画出所有具有 5 个结点、3 条边以及 5 个结点 7 条边的简单图.

9. 证明简单图的任一结点的最大次数小于结点数.

10. 试证明下列两个图不同构.

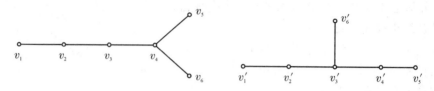

11. 设 $G=(V,E)$,$V=\{a,b,c,d,e\}$,

(1) $E=\{(a,b),(a,d),(b,c),(b,e),(d,e)\}$;

(2) $E=\{(a,b),(b,c),(c,d),(c,e),(d,e)\}$.

画出上述两个图,并求出各个结点的次数.

12. 设 G 是具有 4 个结点的完全图.

(1) 画出 G 的所有子图.

(2) 画出 G 的所有生成子图.

(3) G 的所有互不同构的子图有多少?

13. 画出具有 8 个结点的两个 3 次规则图.

14. 证明三次正则图必有偶数个结点.

15. 设图 G 中有 9 个结点,每个结点的次数不是 5 就是 6,试证 G 中至少有 5 个 6 次结点或至少有 6 个 5 次结点.

16. 试说明任何无向图中结点间的连通关系是等价关系还是偏序关系.

17. 在有向图 D 中,结点间的可达关系满足什么性质?

18. 设有向图 $D=(V,E)$,$V=\{1,2,3,4\}$,$E=\{(1,2),(1,4),(4,3),(2,4),(3,4)\}$,问 D 是什么样的连通图?

19. 含 5 个结点,4 条边的无向连通图(不同构)有多少个? 并画出来.

20. 设 $G=(V,E)$ 是无向连通图,若 $|V|=100$,$|E|=100$,则从 G 中能找到几条回路?

21. 如下图所示,求:

(1) v_1 到 v_8 昀 4 条基本通路;

(2) v_1 到 v_8 的 4 条以上简单通路;

(3) 从 v_1 到 v_8 的距离.

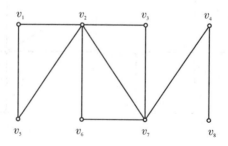

22. 计算下图中从 v_1 到 v_2，v_4，v_5 的距离，并找出 G 中从 v_2 出发的所有回路.

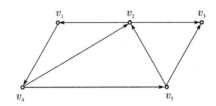

23. 设 G 为无向连通图，有 n 个结点，那么 G 中至少有多少条边？为什么？若是有向图又如何？

24. 已知图 G 的相邻矩阵 M 如下，试画出图 G.

$$M = \begin{bmatrix} 0 & 1 & 0 & 0 & 0 \\ 0 & 0 & 0 & 1 & 0 \\ 1 & 0 & 0 & 0 & 0 \\ 0 & 0 & 0 & 0 & 1 \\ 0 & 1 & 0 & 0 & 0 \end{bmatrix}$$

25. 在无向图 G 中，从结点 u 到 v 有一条长为偶数的通路，并有一条长为奇数的通路，则 G 中必有一条长为奇数的回路.

*26. 证明每个结点的次数至少为 2 的图必包含一回路.

27. 设 (n,m) 图 G 是欧拉图，则下列关于 n,m 的关系的叙述中哪一个正确？为什么？

(1) n,m 的奇偶性必相同.

(2) n,m 的奇偶性必相反.

(3) $n=m$.

(4) n,m 的奇偶性既可相同，也可相反.

28. 一个无向图 G 可以一笔画出的情况有哪几种？

29. 问当 n 为奇数还是偶数时，完全图 K_n 必为欧拉图？为什么？

30. 举例构造结点数 $|V|$ 和边数 $|E|$ 满足下述条件的欧拉图.

(1) $|V|$，$|E|$ 的奇偶性一样；

(2) $|V|$，$|E|$ 的奇偶性相反.

31. 设图 G 是一个具有 k 个奇数结点的图，问最少添加几条边到 G 中，才能使所得到的图有一条欧拉回路？

32. (1) 画一个有欧拉回路和哈密顿回路的图；

(2) 画一个有欧拉回路，但没有哈密顿回路的图；

(3) 画一个没有欧拉回路，但有哈密顿回路的图.

33. 下列图中哪些有欧拉通路？哪些有欧拉回路？哪些有哈密顿通路？哪些有哈密顿回路？

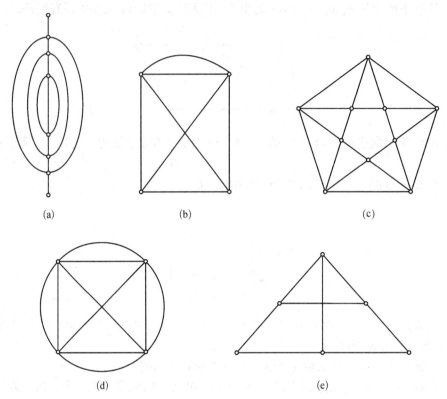

(a)　　　　　　　(b)　　　　　　　(c)

(d)　　　　　　　　　(e)

34. 若一个有向图 D 是欧拉图,它是否一定是强连通的? 若一个有向图 D 是强连通的,它是否一定是欧拉图? 说明理由.

35. 设图 G_1 和 G_2 的相邻矩阵 A_1 和 A_2 如下:

$$A_1 = \begin{bmatrix} 0 & 0 & 1 & 1 & 1 & 0 \\ 0 & 0 & 0 & 0 & 1 & 1 \\ 1 & 0 & 0 & 1 & 0 & 0 \\ 1 & 0 & 1 & 0 & 1 & 0 \\ 1 & 1 & 0 & 1 & 0 & 1 \\ 0 & 1 & 0 & 0 & 1 & 0 \end{bmatrix}, \quad A_2 = \begin{bmatrix} 0 & 0 & 0 & 1 & 1 & 0 & 0 \\ 0 & 0 & 0 & 0 & 0 & 1 & 1 \\ 0 & 0 & 0 & 1 & 0 & 0 & 0 \\ 1 & 0 & 1 & 0 & 1 & 0 & 0 \\ 1 & 0 & 0 & 1 & 0 & 0 & 0 \\ 0 & 1 & 0 & 0 & 0 & 0 & 0 \\ 0 & 1 & 0 & 0 & 0 & 0 & 0 \end{bmatrix}.$$

(1) 求 $A_1^l \{(l=1,2,3,4,5,6), A_2^l (l=1,2,\cdots,7)$;

(2) 在 G_1 内列出每两个结点之间的距离;

(3) 列出 G_1 和 G_2 中的所有基本回路.

36. 画出所有具有 4 个结点的非同构的树.

37. 找出 7 棵具有 6 个结点的非同构的无向树.

38. 一棵树有 2 个 2 次分枝结点,1 个 3 次分枝结点,3 个 4 次分枝结点,问其有多少个叶结点,为什么?

39. 画出下图的所有生成树.

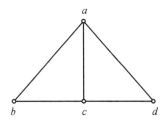

40. 求下图的最小生成树.

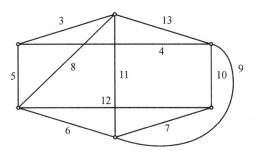

41. 若图 G 有 n 个结点, $n-1$ 条边, G 一定是一棵树吗? 为什么? 举例说明.

*42. 设图 G 是一棵树,它有 n_2 个 2 次分枝结点, n_3 个 3 次分枝结点,$\cdots$,n_k 个 k 次分枝结点,求 G 中叶结点数.

42. Z 和 L 两人进行乒乓球决赛,规定谁连胜两场或总数先胜三场,谁就获得冠军,请将本次决赛可能的比赛场次用根树来表示.

43. 假设要修建连接五个城市的高速公路网,使其造价尽可能小,设任意两城市之间高速公路造价如下(以亿元为单位):

$$W(v_1,v_2)=6, W(v_1,v_3)=8.$$
$$W(v_1,v_4)=12, W(Vv_1,v_5)=9.$$
$$W(v_2,v_3)=18, W(v_2,v_4)=15.$$
$$W(v_2,v_5)=7, W(v_3,v_4)=10.$$
$$W(v_3,v_5)=12, W(v_4,v_5)=19.$$

44. 证明有 n 个结点的完全二叉树,叶结点个数为 $(n+1)/2$.

45. 证明具有 n 个结点的树,必有

$$\sum_{i=1}^{n} \deg(v_i) = 2n - 2.$$

46. 设无向图 G 是由 $k(k \geqslant 2)$ 棵树组成的森林,已知 G 中有 n 个结点,m 条边.
试证明: $m = n - k$.

47. 试证明一棵完全二叉树必有奇数个结点.

48. 设 G 是简单无向图,试证明 G 有生成树 $\Leftrightarrow$ (当且仅当) G 连通.

*49. 有 n 个药箱,若每两个药箱里有一种相同的药,而每种药恰好放在两个箱中,问共有多少种药品?

50. 若有 n 个人,每个人恰恰有三个朋友,则 n 必为偶数.

 * 51. 设 $G=(V,E)$ 是简单无向连通图,但不是完全图,证明 G 中必存在三个结点 $u,v,w\in V$,使得 $(u,v),(v,w)\in E$ 但 $(u,w)\notin E$.

52. 给定完全二叉树 $G=(V,E)$,试证明:$|E|=2(n-1)$,其中 n 是树叶结点数目.

53. 设有向图 D 如下图所示:

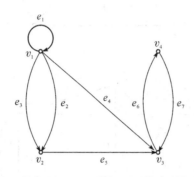

(1) 求 D 的邻接矩阵 A.

(2) D 中 v_1 到 v_4 长度为 4 的通路数为多少?

(3) D 中 v_1 到自身长度为 3 的回路数为多少?

(4) D 中长度为 4 的通路总数为多少? 其中有几条回路?

(5) D 中长度小于等于 4 的通路有多少条? 其中有几条是回路?

(6) D 是哪类连通图.

54. 令 D 是具有结点 v_1,v_2,v_3,v_4 的有向图,它的矩阵表示如下:

$$M=\begin{bmatrix} 0 & 1 & 1 & 1 \\ 0 & 1 & 1 & 0 \\ 1 & 1 & 0 & 1 \\ 1 & 0 & 0 & 0 \end{bmatrix}$$

(1) 画出相应的有向图 D.

(2) 求从 v_1 到 v_1 长度为 3 的回路数以及从 v_1 到 v_2,v_1 到 v_3,v_1 到 v_4 长度是 3 的通路数.

(3) D 是何种连通图?

55. 设有向图 D 如下图所示:

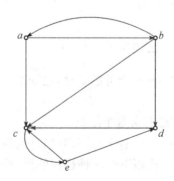

（1）求每个结点的引入次数和引出次数.

（2）求从 b 到 c 的所有基本通路.

（3）求它的相邻矩阵.

（4）求从 a 到 c 长度小于或等于 3 的通路数.

（5）D 是强连通的、单向连通的还是弱连通的？

56. 下列图如果是平面图,则将其形状改变成无边相交的平面图形式.

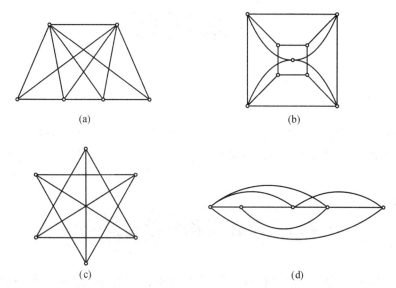

(a)　　　　　　　　(b)

(c)　　　　　　　　(d)

57. 现有 4 名教师：春、夏、秋、冬,要求他们去教 4 门课程：数学、物理、程序设计和英语,已知春能教数学和英语；夏能教物理和程序设计；秋能教数学、物理和程序设计；冬只能教程序设计,如何安排才能使 4 位教师都能教课,并且每门课都有人教？共有几种方案？

58. 写出连通平面图的欧拉公式,并求出当平面图的每个面至少有 5 条边围成时,边数与结点数所满足的关系式(不等式).

*59. 某用人单位要招聘 7 个人,设 7 个工作岗位为：$P_1,P_2,P_3,P_4,P_5,P_6,P_7$,现有 10 个申请者 $a_1,a_2,a_3,a_4,a_5,a_6,a_7,a_8,a_9,a_{10}$,这 10 人可胜任工作岗位集合依次是：$\{P_1,P_5,P_6\}$,$\{P_2,P_6,P_7\}$,$\{P_3,P_4\}$,$\{P_1,P_5\}$,$\{P_6,P_7\}$,$\{P_3\}$,$\{P_2,P_3\}$,$\{P_1,P_3\}$,$\{P_5\}$,$\{P_1\}$,问如何安排他们工作使得无工作的人最少？

60. 证明在有 6 个结点,12 条边的连通平面简单图中,每个区域用 3 条边围成.

命题逻辑

数理逻辑是采用数学方法研究抽象思维的推理规律问题,具体是通过引入一套数学符号系统来进行研究,强调推理过程中前提和结论之间的形式关系.命题逻辑是数理逻辑中的基础部分之一.

7.1 命题逻和命题连接词

世界上有许多事物只与两种状态(值)有关,如程序设计中的逻辑条件判断有"满足条件"与"不满足条件";开关电路中有"接通"和"断开",我们可以用"真"、"假"或"1"、"0"来表示相应的状态,而相关的事件则可以用日常生活中的陈述句来表达.

定义 7-1 可以确定为真或假的陈述句称作命题.

这种真或假的性质,叫作命题的**真值**,凡与陈述句叙述事实相符的命题为真命题,其真值为真;否则称为假命题,其真值为假.

例 7-1 判断下列语句是否为命题:

(1) $3+3=6$.

(2) 太阳比月亮大.

(3) $5+8<10$.

(4) 明年元旦是阴天.

(5) 实践是检验真理的唯一标准.

(6) 火星上有生物.

(7) 我们要努力工作.

(8) $x+y>9$.

(9) 这花多香啊!

(10) 今天是几月几号?

解:(1) 和(2) 是命题,其真值为真.

(3) 是命题,其真值为假.

(4) 是命题,它的真值当前不能确定,但到明年元旦时总能确定其真值.

（5）是命题,辩证唯物主义者认为其值为真,唯心主义者认为其值为假.

（6）是命题,虽然根据目前人们的科技水平还不能判断其真假,但总可在未来判断出其唯一确定的真值.

（7）是祈使句,不是命题.

（9）是感叹句,不是命题.

（10）是疑问句,不是命题.

命题一般用大写字母 $P,Q,R\cdots$ 符号来表示,表示命题的符号称为命题标识符.

命题常量表示本命题的值是固定不变的.

命题变元表示其可以代表任意命题,当对命题变元 P 用一特定命题去代替时,则此时 P 可以确定其值,称为对 P 的指派.

原子命题是不能再分解的命题,它表现为简单句,如例 7-1 中的命题均为原子命题.

复合命题是由一些命题**联结词**将原子命题联结起来,即复合而成的命题,它表现为复合句.

可以认为命题是自然语言中抽象出来的逻辑对象,而命题联结词是自然语言中抽象出来的逻辑运算符,这可看成是一种逻辑运算.

命题联结词与自然语言中的联结词既相关但又不是完全一一对应的关系.

真值表是将复合命题中的各运算分量（命题）的所有真、假取值组合代入后的结果在表格中一一列出,它是一种研究或表达命题在命题联结词作用下所有运算结果的工具.

下面我们对命题逻辑中常用的一些命题联结词进行定义,并用真值表这一工具来表达.

1. 否定

定义 7-2　设 P 是一个命题,P 的否定 $\neg P$ 称为命题 P 的否命题（可读作“非 P”）. 若 P 为真,则 $\neg P$ 为假;若 P 为假,则 $\neg P$ 为真.“$\neg$”表示命题的否定,真值表如表 7-1 所示.

P	$\neg P$
0	1
1	0

例 7-2　P:他是工人,$\neg P$:他不是工人.

例 7-3　条件语句 if P then A else B.

表示若为状态 P 时转向执行 A,若为 $\neg P$ 时转向执行 B.

逻辑否定词“$\neg$”是一个一元运算,它和 P 构成复合命题 $\neg P$,自然语言中许多表示相反,否定意义的词均可对应到“$\neg$”.

2. 合取

定义 7-3　设 P 和 Q 是两个命题,P 和 Q 的合取 $P \wedge Q$ 是一个复合命题,只有当两个运算分量 P,Q 均取值为真时,$P \wedge Q$ 的结果值才为真,其余情况 $P \wedge Q$ 为假. 真值表如表

7-2所示

表7-2　真值表

P	Q	$P \wedge Q$
0	0	0
0	1	0
1	0	0
1	1	1

例7-4　黎春既漂亮又聪明.

设 P:黎春漂亮. Q:黎春聪明.则本例命题可表示为:$P \wedge Q$.

例7-5　数字逻辑电路中的与门,其输入、输出关系对应为合取,1 表示高电位,0 表示低电位,P,Q 分别表示两个输入端的电位,则 $P \wedge Q$ 表示输出端的电位.此时只有输入端 P 和 Q 均为高电位时,输出端才是高电位.

自然语言中的"并且"、"和"、"既……又……"等同义词可对应"$\wedge$",但其两边的命题在自然语言中可以有内在的联系,也可以没有内在联系.

例7-6　P:余西学习认真. Q:天上有个月亮.

此时复合命题 $P \wedge Q$ 在数理逻辑中表示各原子命题之间的真值关系,也就是对事物抽象出来的逻辑关系,即只关心 P 和 Q 所取的真值,经 $P \wedge Q$ 运算后会得到什么样的真值(根据真值表取值).

3. 析取

定义7-4　设 P 和 Q 是两个命题,P 和 Q 的析取 $P \vee Q$ 是一个复合命题,只有当两个运算分量 P,Q 均取值为假时,$P \vee Q$ 结果值才为假,其余情况,$P \vee Q$ 为真.

真值表如表7-3所示.

表7-3　真值表

P	Q	$P \vee Q$
0	0	0
0	1	1
1	0	1
1	1	1

例7-7　P:我乒乓球打得好. Q:我篮球打得好.

上述命题的析取为:$P \vee Q$:我乒乓球打得好或我篮球打得好.

本例中只要我有一种球打得好,或两种球均打得好,则 $P \vee Q$ 均为真,P,Q 可同时为真,这在日常生活中可表述为"可兼的或".只有在乒乓球和篮球都打得不好时,即 P,Q 均为假时,$P \vee Q$ 才为假.

注意:析取的概念与日常生活中自然语言里的"或"并不完全相同.

例7-8 明天我在家休息或去加班.

令 P:明天我在家休息. Q:明天我去加班.

本例不能表述为 $P \lor Q$,因为由析取的定义可知,当 P 和 Q 的真值都取"真"(即真值表中的1)时,$P \lor Q$ 的真值为"真".而在本例中,P 和 Q 不可能同时为"真",因为在同一时刻,"我"不可能又在家里,又去上班,所以当 P 和 Q 同时为"真"时,本例为假,故不能直接用 P,Q 的析取来表达.但可通过另外的方式来表达:

$$(P \land \neg Q) \lor (\neg P \land Q),$$

此处表达的是"不可兼的或".

在命题逻辑中有了上述三个联结词就够了,但为了方便,人们又引入了一些命题联结词,在某些场合非常有用.

我们再介绍一些常用联结词.

4. 蕴含

定义7-5 设 P 和 Q 是两个命题,P 蕴含 Q,记为 $P \to Q$ 是一个复合命题.$P \to Q$ 又称 P 与 Q 的蕴含式,其中 P 称为蕴含式的前件或前提,Q 称为蕴含式的后件或结论.其真值表如表7-4所示.

表7-4 真值表

P	Q	$P \to Q$
0	0	1
0	1	1
1	0	0
1	1	1

从真值表可看出,只有前件 P 为"真"(1),后件 Q 为"假"(0)时,$P \to Q$ 为"假"(0),其余情况 $P \to Q$ 均为"真"(1).

例7-9 如果我有工作,那么我必然会努力去做.

设 P:我有工作,Q:我必然会努力去做.

可符号化为:$P \to Q$.

例7-10 如果不刮风,那么我们就去操场打羽毛球.

设 P:刮风. Q:我们去操场打羽毛球.

可符号化为:$\neg P \to Q$.

本例我们可以用另一种语义相同的方式描述:

如果我们不去操场打羽毛球,则刮风.

可符号化为:$\neg Q \to P$.

例7-11 如果月光是灰色的,则操场上有足球.

设 P:月光是灰色的. Q:操场上有足球.

可符号化为:$P \to Q$.

从自然语言语义来解释,本例不通,因为月光的颜色与操场上有无足球无关. 但是从蕴含联结词的逻辑定义上来看,本例仍有唯一确定真值. 因为对于月光是灰色的,其真假为假 (0),但根据蕴含联结词的定义,在 $P{\rightarrow}Q$ 中前件 P 为 0,那么后件 Q 不论取 0 或 1,$P{\rightarrow}Q$ 的真值均为 1. 由于有唯一确定的真值,故本例是一个逻辑命题.

5. 等价

定义 7-6 设 P 和 Q 是两个命题,P 等价 Q,记为 $P{\leftrightarrow}Q$ 是一个复合命题,$P{\leftrightarrow}Q$ 真值为 1,当且仅当 P,Q 真值相同,否则 $P{\leftrightarrow}Q$ 真值为 0,其真值表如表 7-5 所示.

表 7-5 真值表

P	Q	$P{\leftrightarrow}Q$
0	0	1
0	1	0
1	0	0
1	1	1

从真值表可以看出,当 P 和 Q 的真值同时为 0 或同时为 1 时,$P{\leftrightarrow}Q$ 的真值为 1,否则 $P{\leftrightarrow}Q$ 的真值为 0.

例 7-12 两个三角形全等,当且仅当它们的三组对应边相等.

设 P:两个三角形全等.Q:两个三角形的对应边分别相等.

可符号化为:$P{\leftrightarrow}Q$.

例 7-13 符号化下列命题,并确定其真值.

(1) 南京是个古都当且仅当纯净水是无色的;

(2) 南京是个古都当且仅当纯净水不是无色的;

(3) 南京不是古都当且仅当纯净水是无色的;

(4) 南京不是古都当且仅当纯净水不是无色的;

设 P:南京是古都.Q:纯净水是无色的.

P,Q 都是真命题.(1)(2)(3)(4) 可分别符号化为:$P{\leftrightarrow}Q,P{\leftrightarrow}\neg Q,\neg P{\leftrightarrow}Q,\neg P{\leftrightarrow}\neg Q$. 根据定义可知:(1)(4) 的真值为 1;(2)(3) 的真值为 0. 在自然语言中,$P{\leftrightarrow}Q$ 相当于(或可表示为)"P 等价于 Q","P 当且仅当 Q","P 与 Q 互为充分必要条件"等. 其表示 P 和 Q 有相同的逻辑含义,但 $P{\leftrightarrow}Q$ 并不一定要求如此,如例 7-13 中所示 P,Q 并不存在逻辑关系,但所示 $P{\leftrightarrow}Q$ 均有确定的真值(完全按等价的定义来确定).

6. 与非

定义 7-7 设 P 和 Q 是两个命题,P 和 Q 的与非运算 $P{\uparrow}Q$ 是一个复合命题,只有当两个运算分量 P 和 Q 均取值为真时,$P{\uparrow}Q$ 的结果值才为假,其余情况 $P{\uparrow}Q$ 为真. 真值表如表 7-6 所示.

表 7-6　真值表

P	Q	$P \uparrow Q$
0	0	1
0	1	1
1	0	1
1	1	0

实际上 $P \uparrow Q$ 相当于先对 P、Q 合取,再将结果否定.

7. 或非

定义 7-8　设 P 和 Q 是两个命题,P 和 Q 的或非运算 $P \downarrow Q$ 是一个复合命题,只有当两个运算分量 P 和 Q 均取假时,$P \downarrow Q$ 的结果值才为真,其余情况 $P \downarrow Q$ 为假. 真值表如表 7-7 所示.

表 7-7　真值表

P	Q	$P \downarrow Q$
0	0	1
0	1	0
1	0	0
1	1	0

实际上 $P \downarrow Q$ 相当于先对 P、Q 析取,再将结果否定.

8. 异或

定义 7-9　设 P 和 Q 是两个命题,P 和 Q 的异或运算 $P \oplus Q$ 是一个复合命题,当 P 和 Q 的真值相同时,$P \oplus Q$ 的结果为假;当 P 和 Q 的真值相异时,$P \oplus Q$ 的结果为真. 真值表如表 7-8 所示.

表 7-8　真值表

P	Q	$P \oplus Q$
0	0	0
0	1	1
1	0	1
1	1	0

在自然语言中,异或对应表示不可兼的或.

例 7-14 张平住在光明路 40 号或 42 号.

设 P:张平住在光明路 40 号. Q:张平住在光明路 42 号.

本例可符号化为:$P \oplus Q$.

由此,我们说,自然语言中的"或者"由于存在着"可兼的"和"不可兼的"两种不同的逻辑含义,因而可分别用析取及异或两个命题联结词来表示.

7.2 命题公式和真值表

在对命题逻辑的研究中,我们对命题只注重其值而不注重其内在含义;对命题联结词,我们只承认它由相应的真值表定义,而并不注重它的实际含义. 这样,我们就可以在此基础上对命题逻辑作形式化的研究.

一个具有特定值的命题称为常值命题,它具有值 0 或具有值 1,两者必居其一. 而一个任意的命题称为变量命题,在公式中的变量命题称为命题变元,它的作用域(可取值的范围,又称变域)是 0 和 1(假或真)所构成的集合. 常用 P, Q 等表示命题变元.

定义 7-10 命题公式,简称公式,按下列法则生成:

(1) 单个命题变元是公式.

(2) 如果 P 是公式,则 $\neg P$ 是公式.

(3) 如果 P, Q 是公式,则 $(P \wedge Q)$,$(P \vee Q)$,$(P \rightarrow Q)$ 以及 $(P \leftrightarrow Q)$ 都是公式.

(4) 公式只能由上述法则经有限步骤生成.

简单地说,命题公式由命题变元、命题联结词和圆括号按一定的规则构成.

以下所示均为公式:

$$P, (P \wedge Q) \leftrightarrow Q, \neg (P \vee Q) \rightarrow \neg Q.$$

而下列所示均不是公式:

$$P \rightarrow, \neg (\wedge P \vee Q) \rightarrow Q Q, P \wedge \rightarrow Q.$$

为方便起见,对公式最外层的括号可以省略,同时规定命题联结词的优先次序如下:

(1) $\neg$;

(2) $\wedge, \vee, \oplus, \downarrow, \uparrow$;

(3) $\rightarrow$;

(4) $\leftrightarrow$.

凡符合上述优先级别时的括号可以省略.

一个公式的真假可由公式的真值表来确定,而公式的真值表由命题变元通过命题联结词真值表构成.

定义 7-11 对一个命题公式的各分量指派所有可能的真值从而确定命题公式的各种真值,并列成表格,由此得到命题公式的真值表.

例 7-15 构造命题公式 $\neg (P \wedge Q) \rightarrow (Q \vee R)$ 的真值表.

解:真值表中含有变元 P, Q, R,可按下列次序来根据真值表方法求值.

(1) 按照合取真值表求得 $P \wedge Q$ 的真值表;

(2) 按照否定真值表求得 $\neg(P \wedge Q)$ 的真值表;

(3) 按照析取真值表求得 $Q \vee R$ 的真值表;

(4) 按照蕴含真值表求得 $\neg(P \wedge Q) \rightarrow (Q \vee R)$ 的真值表.

其过程按表格列出即得本例命题公式的真值表求解过程,如表 7 - 9 所示.

表 7 - 9　求解过程

P	Q	R	$P \wedge Q$	$\neg(P \wedge Q)$	$Q \vee R$	$\neg(P \wedge Q) \rightarrow (Q \vee R)$
0	0	0	0	1	0	0
0	0	1	0	1	1	1
0	1	0	0	1	1	1
0	1	1	0	1	1	1
1	0	0	0	1	0	0
1	0	1	0	1	1	1
1	1	0	1	0	1	1
1	1	1	1	0	1	1

其真值表如表 7 - 10 所示.

表 7 - 10　真值表

P	Q	R	$\neg(P \wedge Q) \rightarrow (Q \vee R)$
0	0	0	0
0	0	1	1
0	1	0	1
0	1	1	1
1	0	0	0
1	0	1	1
1	1	0	1
1	1	1	1

真值表方法在逻辑式中变量及命题联结词较多时不适用. 我们可以先用真值表推出一些基本等式,然后直接用这些基本等式去推导较复杂的等式.

下面列出一些可以直接使用的基本等式.

第一组:等幂律

(1) $P \wedge P = P$.

(2) $P \vee P = P$.

第二组:结合律

(3) $(P \wedge Q) \wedge R = P \wedge (Q \wedge R)$.

(4) $(P \vee Q) \vee R = P \vee (Q \vee R)$.

第三组:交换律

(3) $P \wedge Q = Q \wedge P$.

(4) $P \vee Q = Q \vee P$.

第四组:分配律

(3) $P \wedge (Q \vee R) = (P \wedge Q) \vee (P \wedge R)$.

(4) $P \vee (Q \wedge R) = (P \vee Q) \wedge (P \vee R)$.

第五组:否定律

(9) $\neg \neg P = P$(双重否定).

(10) $\neg (P \wedge Q) = \neg P \vee \neg Q$ ⎫
(11) $\neg (P \vee Q) = \neg P \wedge \neg Q$ ⎬ 德·摩根定律

第六组:常元律

(12) $P \wedge \neg P = 0$.

(13) $P \vee \neg P = 1$.

(14) $0 \wedge P = 0$.

(15) $1 \wedge P = P$.

(16) $0 \vee P = P$.

(17) $1 \vee P = 1$.

第七组:吸收律

(18) $P \wedge (P \vee Q) = P$.

(19) $P \vee (P \wedge Q) = P$.

例 7-16　对(19)进行证明.

证明:$P \vee (P \wedge Q) = (P \wedge (Q \vee \neg Q)) \vee (P \wedge Q)$ 　　　　由(13)(15)

$= (P \wedge Q) \vee (P \wedge \neg Q) \vee (P \wedge Q)$ 　　　　由(7)

$= (P \wedge Q) \vee (P \wedge \neg Q)$ 　　　　由(2)(6)

$= P \wedge (Q \vee \neg Q)$ 　　　　由(7)

$= P \wedge 1$ 　　　　由(13)

$= P$. 　　　　由(5)(15)

本例证明的依据来自先前的若干基本等式.

以上 19 个基本等式主要描述了否定、合取、析取联结词的特性,可以用它们来解决许多实际问题.

例 7-17　精简下列句子的含义.

(1) 李老师没有教育张同学是不对的,而张同学不接受李老师的教育也是不对的.

(2) 面包有营养,牛奶有营养,面包和牛奶都有营养,没有无营养的面包也没有无营养的牛奶.

解:(1) 设 P 为:李老师教育张同学;Q 为:张同学接受李老师的教育,则(1)可以表示为

$$\neg (\neg P) \wedge \neg (\neg Q).$$

化简得

$$\neg (\neg P) \wedge \neg (\neg Q) = P \wedge Q.$$

此句的逻辑含义为:李老师应该教育张同学,而张同学也应该接受李老师的教育.

(2) 设 P 为:面包有营养,Q 为:牛奶有营养,则(2)可表示为

$$P \wedge Q \wedge (P \wedge Q) \wedge \neg(\neg P) \wedge \neg(\neg Q).$$

化简得

$$P \wedge Q.$$

此句的逻辑含义为:面包有营养,牛奶有营养.

下面介绍有关蕴含"→"与等价"↔"的基本等式.

第一组:蕴含等式.

(1) $P \rightarrow (Q \rightarrow R) = (P \rightarrow Q) \rightarrow (P \rightarrow R)$.

(2) $P \rightarrow Q = \neg Q \rightarrow P$.

(3) $\neg P \rightarrow P = P$.

第二组:等价等式.

(4) $P \leftrightarrow Q = Q \leftrightarrow P$.

(5) $(P \leftrightarrow Q) \leftrightarrow R = P \leftrightarrow (Q \leftrightarrow R)$.

(6) $\neg P \leftrightarrow Q = P \leftrightarrow \neg Q$.

第三组:常元和变元的关系.

(7) $P \rightarrow P = 1$.

(8) $P \leftrightarrow P = 1$.

(9) $P \leftrightarrow \neg P = \neg P \leftrightarrow P = 0$.

(10) $1 \rightarrow P = P$.

(11) $0 \rightarrow P = 1$.

(12) $P \rightarrow 1 = 1$.

(13) $P \rightarrow 0 = \neg P$.

(14) $1 \leftrightarrow P = P$.

(15) $0 \leftrightarrow P = \neg P$.

第四组:联结词的化归.

(16) $P \leftrightarrow Q = \neg P \vee Q$.

(17) $P \leftrightarrow Q = (P \rightarrow Q) \wedge (Q \rightarrow P) = (\neg P \vee Q) \wedge (\neg Q \vee P) = (P \wedge Q) \vee (\neg P \wedge \neg Q)$.

注意:通常在化简时碰到"→"或"↔"时,绝大多数情况下要用(16)(17)去化归.

例 7 - 18　如果李明不认真学习,则李明会不能通过考试.

解:设 P 为:李明认真学习. Q 为:李明通过考试. 则本例可表示为

$$\neg P \rightarrow \neg Q.$$

也可利用基本公式变为: $\neg P \rightarrow \neg Q = Q \rightarrow P$.

意思为:如果李明通过了考试,则李明认真学习了.

例 7 - 19　"不聪明的人不会成为高考状元,不努力学习的人也不会成为高考状元."试证明此句与"高考状元一定聪明并且努力学习."具有相同含义.

解:设 P 为:某人是高考状元,Q 为:某人聪明,R 为:某人努力学习. 则前句可表示为

$$(\neg Q \to \neg P) \wedge (\neg R \to \neg P),$$

后句可表示为

$$P \to Q \wedge R.$$

利用基本公式进行转换：

$$
\begin{aligned}
(\neg Q \to \neg P) \wedge (\neg R \to \neg P) &= (P \to Q) \wedge (P \to R) \\
&= (\neg P \vee Q) \wedge (\neg P \vee R) \\
&= \neg P \vee (Q \wedge R) \\
&= P \to Q \wedge R,
\end{aligned}
$$

故上述两个句子具有相同的含义.

有关与非"↑"、或非"↓"、异或"⊕"也可以推出一些基本等式以便应用,此处略.

例 7-20 试证明只用一个与非联结词即可表示出所有的联结词.

证明：$\neg P = P \uparrow P$.

$$P \wedge Q = \neg(\neg(P \wedge Q)) = \neg(P \uparrow Q) = (P \uparrow Q) \uparrow (P \uparrow Q).$$
$$P \vee Q = \neg(\neg P \wedge \neg Q) = (\neg P) \uparrow (\neg Q) = (P \uparrow P) \uparrow (Q \uparrow Q).$$

类似地可证仅用一个或非联结词即可表示所有的联结词.

7.3 重言式

定义 7-12 在命题公式中,不管它的命题变元如何变化,此公式永远为真,称此种公式为**重言式**(或称永真公式).

例 7-21 试证明$(P \wedge Q) \to P$为重言式.

证明：
$$
\begin{aligned}
(P \wedge Q) \to P &= \neg(P \wedge Q) \vee P = \neg P \vee \neg Q \vee P \\
&= \neg P \vee P \vee \neg Q = 1 \vee \neg Q = 1,
\end{aligned}
$$

即其推导结果总是真"1".

定义 7-13 在命题公式中,不管它的命题变元如何变化,此公式永远为假,称此种公式为**矛盾式**(或称永假公式).

注意：重言式的否定是矛盾式；矛盾式的否定是重言式.

我们通常着重研究重言式(因为矛盾式可以通过否定得到).

实际应用中,常见的是蕴含重言式与等价重言式.

定义 7-14 如果蕴含式$P \to Q$永为真,则称其为蕴含重言式,记为：

$$P \Rightarrow Q.$$

注意：只有当$P \to Q$为永真时,$\Rightarrow$才在P, Q间起作用；$P \Rightarrow Q$是表示永为真的蕴含式. 例如例 7-21 中的$(P \wedge Q) \to P$被证明为永真式,则可将其表示为蕴含重言式：$(P \wedge Q) \Rightarrow P$.

定义 7-15 如果等价式$P \leftrightarrow Q$永为真,则称其为等价重言式,记为：

$$P \Leftrightarrow Q.$$

实际上等价重言式意味着两边划等号,即等价重言式就是相等的意思.

例如,$\neg(P \vee Q) = \neg P \wedge \neg Q$,相当于 $\neg(P \vee Q) \Leftrightarrow \neg P \wedge \neg Q$.

下面列出一些常见的重要蕴含重言式.

I_1 $P \wedge Q \Rightarrow P$;

I_2 $P \wedge Q \Rightarrow Q$;

I_3 $P \Rightarrow P \vee Q$(即 $P \to P \vee Q = \neg P \vee (P \vee Q) = 1 \vee Q = 1$ 为永真);

I_4 $Q \Rightarrow P \vee Q$;

I_5 $\neg P \Rightarrow P \to Q$;

I_6 $Q \Rightarrow P \to Q$;

I_7 $\neg(P \to Q) \Rightarrow P$;

I_8 $\neg(P \to Q) \Rightarrow \neg Q$;

I_9 $\neg P \wedge (P \vee Q) \Rightarrow Q$;

I_{10} $\neg Q \wedge (P \vee Q) \Rightarrow P$;

I_{11} $P \wedge (P \to Q) \Rightarrow Q$;

I_{12} $\neg Q \wedge (P \to Q) \Rightarrow \neg P$;

I_{13} $(P \to Q) \wedge (Q \to R) \Rightarrow P \to R$;

I_{14} $(P \to Q) \wedge (R \to S) \Rightarrow P \wedge R \to Q \wedge S$;

I_{15} $(P \vee Q) \wedge (P \to R) \wedge (Q \to R) \Rightarrow R$.

我们可以通过真值表或以前学过的基本公式来证明上述,$I_1 \sim I_{15}$,它们的结果均为永真,即为 1.

现证明 I_8.

证明:$\neg(P \to Q) \to \neg Q = \neg(\neg P \vee Q) \to \neg Q = (P \wedge \neg Q) \to \neg Q$
$$= \neg(P \wedge \neg Q) \vee \neg Q = \neg P \vee Q \vee \neg Q = 1.$$

注意:等价重言式表示两个公式间的双向推导;而蕴含重言式则表示两公式间的单向推导.

类似蕴含重言式的定义,也存在一些等价重言式.

等价重言式和蕴含重言式具有一定的关系.

$$P \leftrightarrow Q \Rightarrow P \to Q. \quad P \leftrightarrow Q \Rightarrow Q \to P.$$
$$(P \to Q) \wedge (Q \to P) \Rightarrow P \leftrightarrow Q.$$

在日常生活中,我们常由一些已知条件来推导未知的结果. 根据蕴含重言式可得到一些推理规则. 通常可表示为:

$$P_1, P_2, \cdots, P_n \vdash Q_1, Q_2, \cdots, Q_m.$$

其中 P_i 表示前提,Q_j 表示结论,符号"$\vdash$"表示推导出. 整个式子含义为:由一些已知的前提推导出一些未知的结论(结果).

蕴含重言式 $P \Rightarrow Q$ 表示:如果 P 为真则 Q 也为真. P 是前提,Q 是结论,即相当于 $P \vdash Q$

$\left(\text{也可表示为}\dfrac{P}{Q}\right).$

如果有 P 和 Q 同时成立作为前提,可得出结论 R,可表示为:$P,Q\vdash R$,此推理相当于蕴含重言式 $P\wedge Q\Rightarrow R$.

下面是根据基本的蕴含重言式所对应得到的一些重要的推理规则:

$R_1\quad P\wedge Q\vdash P.$

$R_2\quad P\wedge Q\vdash Q.$

$R_3\quad P\vdash P\vee Q.$

$R_4\quad Q\vdash P\vee Q.$

$R_5\quad \neg P\vdash P\rightarrow Q.$

$R_6\quad Q\vdash P\rightarrow Q.$

$R_7\quad \neg(P\rightarrow Q.)\vdash P.$

$R_8\quad \neg(P\rightarrow Q.)\vdash \neg Q.$

$R_9\quad P,Q\vdash P\wedge Q.$

$R_{10}\quad \neg P,P\vee Q\vdash Q.$

$R_{11}\quad P,P\rightarrow Q\vdash Q.$

$R_{12}\quad \neg Q,P\rightarrow Q\vdash \neg P.$

$R_{13}\quad P\rightarrow Q,Q\rightarrow R\vdash P\rightarrow R.$

$R_{14}\quad P\rightarrow Q,R\rightarrow S\vdash P\wedge R\rightarrow Q\wedge S.$

$R_{15}\quad P\vee Q,P\rightarrow R,Q\rightarrow R\vdash R.$

上述规则在日常生活中经常会碰到,特别是要提到的是 R_{10} 称为析取三段论;R_{11} 称为假言推论;R_{12} 称为拒取式;R_{13} 称为假言三段论;R_{15} 称为二段论.

例 7-22　只要小王好好学习,他一定会通过考试;小王没有通过考试.

请根据以上前提,推导小王的学习情况,设 P 为:小王好好学习,Q 为:小王通过考试,根据所给前提,由 R_{12} 可推出结论:

$$P\rightarrow Q,\neg Q\vdash \neg P.$$

即小王的学习情况是:小王没有好好学习.

例 7-23　有一迷路小孩被未留姓名者送回家,据反映做好事者可能为张江或李海,后又查实当时李海在单位上班,没有外出,请用逻辑推理规则推出做好事者是谁.

解:由题意列出前提:

(1) 做好事者为张江或李海.

(2) 如果某人做好事,则当晚必外出.

(3) 李海当时并未外出.

a:设 P 为:李海是做好事者.Q 为:李海外出.由(2)(3)及规则 R_{12},得

$$P\rightarrow Q,\neg Q\vdash \neg P.$$

即有(4)李海未做此好事.

b:设 P 为:李海是做好事者.R 为:张江是做好事者.由(1)(4)及规则 R_{10},得

$$P \vee R, \neg P \vdash R.$$

得到结论:张江为做好事者.

本题的推理过程可作为侦探破案的工具之一.

7.4 范 式

命题公式有各种表示法,同一逻辑含义的公式也可以表示成表面上毫不相同的形式,引入范式的概念就是要将命题公式化为一种标准形式以便研究、比较.

定义 7-24 具有如下特征的命题公式称为**析取范式**:

(1) 它是一个析取式;

(2) 析取范式中的每个析取项是一个合取式;

(3) 这个合取式中只包含命题变元或及其否定.

析取范式又称为公式的积之和形式.

例如:$(P \wedge Q) \vee (P \wedge R) \vee (Q \wedge R)$,$\neg P \vee (Q \wedge R)$ 都是析取范式.

析取范式虽然为命题公式提供了一种标准的表示形式,但常常对某一公式会有一个以上的析取范式表示的形式. 例如,对命题公式 $(P \vee Q) \wedge (P \vee S)$,有 $P \vee (Q \wedge S)$ 和 $(P \wedge P) \vee (Q \wedge P) \vee (P \wedge S) \vee (Q \wedge S)$ 是它的两种析取范式形式.

为求标准的唯一性,又规定了条件更加严格的形式,即特异析取范式.

定义 7-25 具有如下特征的命题公式称为**特异析取范式**(或主析取范式):

(1) 它是一个析取范式.

(2) 在它的每个析取项中,该公式的所有命题变元均要出现,或以命题变元或以命题变元的否定形式出现,并且仅出现一次.

(3) 例如,有公式 $P \rightarrow ((P \rightarrow Q) \wedge \neg (\neg Q \vee \neg P))$,其特异析取范式为:

$$(P \wedge Q) \vee (\neg P \wedge Q) \vee (\neg P \wedge \neg Q).$$

可以通过真值表或用公式进行化归来得到特异析取范式.

用公式化归特异析取范式的过程是:

(1) 将命题公式中出现的联结词 $\rightarrow, \leftrightarrow, \oplus, \uparrow, \downarrow$ 化归为仅出现联结词 $\neg, \wedge$ 和 $\vee$;

(2) 利用摩根定律将否定符号深入到命题变元,并使命题变元前的否定符号最多为一个;

(3) 利用分配律将公式化归称析取范式;

(4) 除去析取范式中所有为永假的析取项;

(5) 若析取项中同一命题变元出现多次,利用基本公式将其简化成只出现一次;

(6) 若析取项中不是公式中的所有命题变元均出现,则利用 $P = P \wedge 1 = P \wedge (Q \vee \neg Q)$ 在析取项中将所缺少的变元比如 Q 补进去,并利用分配律将它展开成几个析取项,并除去相同的析取项.

例 7-24 求 $P \rightarrow ((P \rightarrow Q) \wedge \neg (Q \rightarrow \neg P))$

$$= P \rightarrow ((\neg P \vee Q) \wedge \neg (\neg Q \vee \neg P))$$

$$= \neg P \vee ((\neg P \vee Q) \wedge (P \wedge Q))$$
$$= \neg P \vee ((\neg P \wedge P \wedge Q) \vee (Q \wedge P \wedge Q))$$
$$= \neg P \vee (P \wedge Q) \qquad\qquad 得到析取范式$$
$$= (\neg P \wedge (Q \vee \neg Q)) \vee (P \wedge Q)$$
$$= (\neg P \wedge Q) \vee (\neg P \wedge \neg Q) \vee (P \wedge Q). \qquad 得到特异析取范式$$

定义 7-26 特异析取范式的析取项称为**最小项**，n 个命题变元可以有 2^n 个不同的最小项.

最小项是一个重要的概念，在数字逻辑电路设计中用于化简等多个方面.

一个 n 个命题变元所构成的公式总能用若干个最小项的析取组成（最小项是 n 个变元或变元的否定的 2^n 种组合）.

对 n 个变元的最小项中各变元可取 0 或 1 值，可得到此最小项的真、假值，可按如下规则选择：

对最小项中出现的原命题变元取值为 1；命题变元的否定取值为 0.

对变元的排列给一规定后，每一个最小项的对应值的二进编码称为此最小项的序号.

例如，对 4 个命题变元，一共可以有 $2^4 = 16$ 个最小项，所对应的取值和序号如表 7-11 所示.

编号为 i 的最小项可以用 m_i 来表示.

表 7-11 最小项

最小项	对应取值	序号
$\neg P \wedge \neg Q \wedge \neg R \wedge \neg S$	0 0 0 0	0
$\neg P \wedge \neg Q \wedge \neg R \wedge S$	0 0 0 1	1
$\neg P \wedge \neg Q \wedge R \wedge \neg S$	0 0 1 0	2
$\neg P \wedge \neg Q \wedge R \wedge S$	0 0 1 1	3
$\neg P \wedge Q \wedge \neg R \wedge \neg S$	0 1 0 0	4
$\neg P \wedge Q \wedge \neg R \wedge S$	0 1 0 1	5
$\neg P \wedge Q \wedge R \wedge \neg S$	0 1 1 0	6
$\neg P \wedge Q \wedge R \wedge S$	0 1 1 1	7
$P \wedge \neg Q \wedge \neg R \wedge \neg S$	1 0 0 0	8
$P \wedge \neg Q \wedge \neg R \wedge S$	1 0 0 1	9
$P \wedge \neg Q \wedge R \wedge \neg S$	1 0 1 0	10
$P \wedge \neg Q \wedge R \wedge S$	1 0 1 1	11
$P \wedge Q \wedge \neg R \wedge \neg S$	1 1 0 0	12
$P \wedge Q \wedge \neg R \wedge S$	1 1 0 1	13
$P \wedge Q \wedge R \wedge \neg S$	1 1 1 0	14
$P \wedge Q \wedge R \wedge S$	1 1 1 1	15

将特异析取范式中的最小项按其序号次序排列,所得特异析取范式是唯一的.

前面提到过,求特异析取范式还可以用真值表的方法.先将要化归的公式列出其真值表,然后将真值表中对应公式取值为1的那些最小项作析取,所得命题公式即为特异析取范式.

例 7-25 设有公式,$((P \lor Q) \to R) \to P$,用真值表法求它的特异析取范式.

解:此公式有3个变量,可以组合出8个最小项,对应公式的真值表如表7-12所示.

表 7-12 真值表

$P\ Q\ R$	$((P \lor Q) \to R) \to P$
0 0 0	0
0 0 1	0
0 1 0	1
0 1 1	0
1 0 0	1
1 0 1	1
1 1 0	1
1 1 1	1

其中最小项为1的编号为:m_2, m_4, m_5, m_6, m_7.

得出特异析取范式为

$(\neg P \land Q \land \neg R) \lor (P \land \neg Q \land \neg R) \lor (P \land \neg Q \land R) \lor (P \land Q \land \neg R) \lor (P \land Q \land R)$.

也可表示为:$m_2 \lor m_4 \lor m_5 \lor m_6 \lor m_7$.

类似析取,下面介绍用合取方式来表示范式.

定义 7-26 具有如下特征的命题公式称为合取范式:

(1) 它是一个合取式;

(2) 合取范式中的每个合取项是一个析取式;

(3) 这个析取式中只包含命题变元或及其否定.

例如:$P \land (Q \lor R)$、$(P \lor Q) \land (P \lor R) \land (P \lor P)$ 都是合取范式.

同样道理,由于合取范式的表示形式不唯一,引入特异合取范式.

定义 7-27 具有如下特征的命题公式称为**特异合取范式**(又称主合取范式).

(1) 它是一个合取范式;

(2) 在它的每个合取项中,该公式的所有命题变元均要出现,或以命题变元,或以命题变元的否定形式出现,并且仅出现一次.

例如,有公式:

$$((P \lor Q) \to R) \to P,$$

其特异合取范式为:

$$(\neg P \lor \neg Q \lor \neg R) \land (\neg P \lor \neg Q \lor R) \land (\neg P \lor Q \lor R).$$

用公式化归特异合取范式的过程是:

(1)～(3) 与特异析取范式类似.

(4) 除去合取范式中所有为永真的合取项.

(5) 若合取项中同一命题变元出现多次,则可用公式 $P \vee P = P$ 将其简化成只出现一次.

(6) 若合取项中不是公式中的所有命题变元均出现,则利用 $P = P \vee (Q \wedge \neg Q)$ 在析取项中将所缺少的变元 Q 补进去,并利用分配律将它展开成几个合取项,并除去相同的合取项.

例 7-26　求公式 $((P \vee Q) \rightarrow R) \rightarrow P$ 的特异合取范式.

解:利用上述化归过程:

$$((P \vee Q) \rightarrow R) \rightarrow P = (P \vee Q) \wedge (P \vee \neg R) \qquad \text{得到合取范式}$$
$$= ((P \vee Q) \vee (R \wedge \neg R)) \wedge ((P \vee \neg R) \vee (Q \wedge \neg Q))$$
$$= (P \vee Q \vee R) \wedge (P \vee Q \vee \neg R) \wedge (P \vee \neg R \vee Q) \wedge (P \vee \neg R \vee \neg Q)$$
$$= (P \vee Q \vee R) \wedge (P \vee Q \vee \neg R) \wedge (P \vee \neg Q \vee \neg R).$$

定义 7-28　特异合取范式的合取项称为最大项,n 个命题变元可以有 2^n 个不同的最大项.

一个 n 个命题变元所构成的公式总能用若干个最大项的合取构成.

对 n 个变元的最大项中各变元可取 0 或 1 值,可得到此最大项的真假值,可按如下规则选择:

对最大项中出现的原命题变元取值为 0;命题变元的否定取值为 1.

对变元的排列给一规定后,每个最大项的对应值的二进制编码称为此最大项的序号.

例如,对 4 个命题变元,一共可以有 $2^4 = 16$ 个最大项,所对应的取值和序号如表 7-13 所示.

编号为 i 的最大项可以用 M_i 来表示.

表 7-13　最大项列表

最大项	对应取值	序号
$\neg P \wedge \neg Q \wedge \neg R \wedge \neg S$	1 1 1 1	15
$\neg P \wedge \neg Q \wedge \neg R \wedge S$	1 1 1 0	14
$\neg P \wedge \neg Q \wedge R \wedge \neg S$	1 1 0 1	13
$\neg P \wedge \neg Q \wedge R \wedge S$	1 1 0 0	12
$\neg P \wedge Q \wedge \neg R \wedge \neg S$	1 0 1 1	11
$\neg P \wedge Q \wedge \neg R \wedge S$	1 0 1 0	10
$\neg P \wedge Q \wedge R \wedge \neg S$	1 0 0 1	9
$\neg P \wedge Q \wedge R \wedge S$	1 0 0 0	8
$P \wedge \neg Q \wedge \neg R \wedge \neg S$	0 1 1 1	7
$P \wedge \neg Q \wedge \neg R \wedge S$	0 1 1 0	6

（续表）

最大项	对应取值	序号
$P \wedge \neg Q \wedge R \wedge \neg S$	0 1 0 1	5
$P \wedge \neg Q \wedge R \wedge S$	0 1 0 0	4
$P \wedge Q \wedge \neg R \wedge \neg S$	0 0 1 1	3
$P \wedge Q \wedge \neg R \wedge S$	0 0 1 0	2
$P \wedge Q \wedge R \wedge \neg S$	0 0 0 1	1
$P \wedge Q \wedge R \wedge S$	0 0 0 0	0

将特异合取范式中的最大项按其序号次序排列,所得特异合取范式是唯一的.

类似地,我们同样可以用真值表来求得特异合取范式.

例 7 - 27　设有公式 $((P \vee Q) \rightarrow R) \rightarrow P$,用真值表法求它的特异合取范式.

解:其真值表与例 7 - 25 的表 7 - 12 是同一真值表,其中最大项为 0 的编号为: M_0, M_1, M_3.

得出特异合取范式为:

$$(P \vee Q \vee R) \wedge (P \vee Q \vee \neg R) \wedge (P \vee \neg Q \vee \neg R),$$

也可以表示为 $M_0 \wedge M_1 \wedge M_3$.

7.5　命题演算的推理理论

推理是有已知条件推导出结果的过程.

定义 7 - 29　设 $H_1, H_2, \cdots, H_n, C$ 均是命题公式,并且

$$H_1 \wedge H_2 \wedge \cdots \wedge H_n \Rightarrow C$$

则称从前提 $H_1, H_2, \cdots, H_n$ 可推出结论 C,也可记为

$$H_1 \wedge H_2 \wedge \cdots \wedge H_n \Rightarrow C.$$

定义 7 - 30　假设公式 $H_1, H_2, \cdots, H_n$ 中的命题变元为 $P_1, P_2, \cdots, P_m$,对于 $P_1, P_2, \cdots,$ P_m 的一些真值指派如果能使 $H_1 \wedge H_2 \wedge \cdots \wedge H_n$ 的真值为 1(T),则称公式 $H_1, H_2, \cdots, H_n$ 是**相容的**.(即 $H_1, H_2, \cdots, H_n$ 是可满足式)

定义 7 - 31　假设公式 $H_1, H_2, \cdots, H_n$ 中的命题变元为 $P_1, P_2, \cdots, P_m$,对于 $P_1, P_2, \cdots,$ P_m 的每一组真值指派,如果能使 $H_1 \wedge H_2 \wedge \cdots \wedge H_n$ 的真值均为 0(F),则称公式 $H_1, H_2,$ $\cdots, H_n$ 是**不相容的**.

例 7 - 28　分析下列事实"如果我有很高的收入,那么我就能资助许多贫困学生;如果我能资助许多贫困学生,那么我很高兴;但我不高兴,所以我没有很高的收入."试指明前提和结论并给予证明.

解:令 P 为:我有很高的收入. Q 为:我能资助许多贫困生. R 为:我很高兴. 根据题意,

前提为

$$(P \rightarrow Q) \wedge (Q \rightarrow R) \wedge \neg R.$$

结论为 $\neg P.$

现在要证明

$$(P \rightarrow Q) \wedge (Q \rightarrow R) \wedge \neg R \Rightarrow \neg P.$$

根据蕴含重言式有

$$(P \rightarrow Q) \wedge (Q \rightarrow R) \Rightarrow P \rightarrow R,$$

所以

$$(P \rightarrow Q) \wedge (Q \rightarrow R) \wedge \neg R \Rightarrow (P \rightarrow R) \wedge \neg R.$$

又因为

$$(P \rightarrow R) \wedge \neg R \Rightarrow \neg P,$$

所以

$$(P \rightarrow Q) \wedge (Q \rightarrow R) \wedge \neg R \Rightarrow \neg P.$$

故结论为：我没有很高的收入.

例7-29 判断下列推理是否正确？前提是否相容？前提为：$(P \wedge Q) \rightarrow R, (Q \wedge \neg Q)$，结论为：$\neg R.$

解：推理对应的蕴含式为：

$$(((P \wedge Q) \rightarrow R) \wedge (Q \wedge \neg Q)) \rightarrow \neg R = 0 \rightarrow \neg R = 1.$$

前提到结论的推理正确.

前提的合取式：$((P \wedge Q) \rightarrow R) \wedge (Q \wedge \neg Q) = 0.$ 所以前提不相容.

注意：前提是否相容与推理是否正确是不同的两个问题，如本题推理正确，但前提不相容. 但有的问题可以同时有前提相容，请读者自己举例说明.

直接证明法：由一组前提，利用一些公认的推理规则，根据已知的等价或蕴含公式，推演得到有效结论.

直接证明法遵循下列两条规则：

（1）**P规则**：前提在推导过程中的任何时候都可以引入使用，又称**前提引入规则**；

（2）**T规则**：在证明的任何步骤中，所证明的任何结论都可作为后续证明的前提，又称**结论引入规则**.

由T规则可以引申出一条**置换规则**：在证明的任何步骤中，命题公式中的任何子命题公式，都可以用与之等值的命题公式置换.

前面所学的蕴含重言式的基本公式可以直接引用（$I_1 \sim I_{15}$）.

代入规则：在证明的任何步骤中，重言式中的任一命题变元都可以用命题公式代入，得到的仍是重言式.

下面列出一些常用的重要的等价公式，在证明时可以直接引用.

E_1 $\neg\neg P \Leftrightarrow P$；

E_2 $P \wedge Q \Leftrightarrow Q \wedge P$；

E_3 $P \vee Q \Leftrightarrow Q \vee P$；

E_4 $(P \wedge Q) \wedge R \Leftrightarrow P \wedge (Q \wedge R)$；

E_5 $(P \vee Q) \vee R \Leftrightarrow P \vee (Q \vee R)$；

E_6 $P \wedge (Q \vee R) \Leftrightarrow (P \wedge Q) \vee (P \wedge R)$；

E_7 $P \vee (Q \wedge R) \Leftrightarrow (P \vee Q) \wedge (P \vee R)$；

E_8 $\neg(P \wedge Q) \Leftrightarrow \neg P \vee \neg Q$；

E_9 $\neg(P \vee Q) \Leftrightarrow \neg P \wedge \neg Q$；

E_{10} $P \vee P \Leftrightarrow P$；

E_{11} $P \wedge P \Leftrightarrow P$；

E_{12} $Q \vee (P \wedge \neg P) \Leftrightarrow Q$；

E_{13} $Q \wedge (P \vee \neg P) \Leftrightarrow Q$；

E_{14} $Q \vee (P \vee \neg P) \Leftrightarrow T$；

E_{15} $Q \wedge (P \wedge \neg P) \Leftrightarrow F$；

E_{16} $P \rightarrow Q \Leftrightarrow \neg P \vee Q$；

E_{17} $\neg(P \rightarrow Q) \Leftrightarrow P \wedge \neg Q$；

E_{18} $P \rightarrow Q \Leftrightarrow \neg Q \rightarrow \neg P$；

E_{19} $P \rightarrow (Q \rightarrow R) \Leftrightarrow (P \wedge Q) \rightarrow R$；

E_{20} $P \leftrightarrow Q \Leftrightarrow (P \rightarrow Q) \wedge (Q \rightarrow P)$；

E_{21} $P \leftrightarrow Q \Leftrightarrow (P \wedge Q) \vee (\neg P \wedge \neg Q)$；

E_{22} $\neg(P \leftrightarrow Q) \Leftrightarrow P \leftrightarrow \neg Q$；

例 7-30 用下列条件作为前提，验证所得结论是否有效.

（a）或者是天晴，或者是下雨.

（b）如果是天晴，我去公园.

（c）如果我去公园，我就不看书.

结论：如果我在看书，则天在下雨.

解：设 P：天晴，R：天下雨，M：我去公园. B：我看书. 本题符号化为

$$P \oplus R, P \rightarrow M, M \rightarrow \neg B \Rightarrow B \rightarrow R,$$

其中 $\oplus$ 是不可兼的或，其逻辑含义与等价相反，即 $P \oplus R = \neg(P \leftrightarrow R)$.

推理过程如下：

（1）$\neg(P \leftrightarrow R)$；		P 规则
（2）$P \leftrightarrow \neg R$；		由(1)利用 T 规则，E 等价式
（3）$(P \rightarrow \neg R) \wedge (\neg R \rightarrow P)$；		(2) T, E
（4）$\neg R \rightarrow P$；		(3) T, I 蕴含式
（5）$P \rightarrow M$；		P
（6）$\neg R \rightarrow M$；		(4)、(5) T, I
（7）$M \rightarrow \neg B$；		P

(8) $\neg R \rightarrow \neg B$;	(6)(7) T, I
(9) $B \rightarrow R$.	(8) T, E

经验证,所得结论正确.

间接证法主要有两种.

设有一组前提 $H_1, H_2, \cdots, H_n$,要推出结论 C,即 $H_1 \wedge H_2 \wedge \cdots \wedge H_n \Rightarrow C$.

只要证明 $H_1, H_2, \cdots, H_n$ 与 $\neg C$ 不相容即可,即 $H_1 \wedge H_2 \wedge \cdots \wedge H_n \wedge \neg C \Leftrightarrow 0$,也就是将结论 C 的否定加入到前提中去,然后再证明 $H_1 \wedge H_2 \wedge \cdots \wedge H_n \wedge \neg C$ 是永假式即可.

例 7-31 用上述间接法证明:

$$(P \vee Q) \rightarrow R, R \rightarrow S \vee W, W \rightarrow Z, \neg S \wedge \neg Z \Rightarrow \neg P$$

(1) P;	P 附加前提(即 $\neg(\neg P)$)
(2) $P \vee Q$;	(1) T(用 T 规则)
(3) $(P \vee Q) \rightarrow R$;	P(用 P 规则)
(4) R;	(2)(3) T
(5) $R \rightarrow S \vee W$;	P
(6) $S \vee W$;	(4)(5) T
(7) $\neg S \rightarrow W$;	(6) T
(8) $W \rightarrow Z$;	P
(9) $\neg S \rightarrow Z$;	(7)(8) T
(10) $S \vee Z$;	(9) T
(11) $\neg S \wedge \neg Z$;	P
(12) $\neg(S \vee Z)$;	(11) T
(13) $(S \vee Z) \wedge \neg(S \vee Z)$.	永假 (10)(12) T

即证出永假式(13),表示结论正确.

另一种间接证法称为 CP 规则.

CP 规则:要证明 $H_1 \wedge H_2 \wedge \cdots \wedge H_n \Rightarrow (R \rightarrow C)$,如果能证明 $H_1 \wedge H_2 \wedge \cdots \wedge H_n \wedge R \Rightarrow C$,即证得 $H_1 \wedge H_2 \wedge \cdots \wedge H_n \Rightarrow (R \rightarrow C)$ 成功.

它表示当所需推出的结论是 $R \rightarrow C$ 的形式时,可先把 R 作为附加前提来推出 C 即可.

例 7-32 用 CP 规则证明 $A \vee B \rightarrow C \wedge D, D \vee E \rightarrow F \Rightarrow A \rightarrow F$.

证明:

(1) A;	P(附加前提)
(2) $A \vee B$;	(1) T, I(用 T 规则和蕴含重言式)
(3) $A \vee B \rightarrow C \wedge D$;	P
(4) $C \wedge D$;	(2)、(3) T, I
(5) D;	(4) T, I
(6) $D \vee E$;	(5) T, I
(7) $D \vee E \rightarrow F$;	P
(8) F;	(6)、(7) T, I
(9) $A \rightarrow F$;	CP

利用 CP 规则证得结论 $A \to F$ 成立.

在应用推理规则进行证明时,需特别注意的是在推证每一步时,只能应用假设前提(P 规则),或者根据给定的基本等价公式 E 和蕴含公式 I 以及在前面每步推证所得到的结果 (T 规则),只有这些可以作为推证的根据,否则犯逻辑错误.

小　结

命题及相关概念非常重要.

命题的符号化及其翻译.

真值只分为"真"、"假"两种值,常用"1"和"0","T"和"F"来表示真、假.

原子命题和复合命题.

命题常量和命题变元.

常用的命题联结词:$\neg, \wedge, \vee, \to, \leftrightarrow, \oplus$.

命题公式及其生成规则.

命题公式的化简.

联结词的优先次序:$\neg, \wedge, \vee, \to, \leftrightarrow$.

真值表是很重要的工具.

重言式(或称永真公式).

矛盾式(或称永假公式).

可满足式.

等价式及其基本的常用公式.

蕴含式及其基本的常用公式.

用真值表法和公式法证明蕴含式或等价式.

析取范式、特异析取范式(或称主析取范式)及相应的最小项概念.

合取范式、特异合取范式(或称主合取范式)及相应最大项的概念.

设 $H_1, H_2, \cdots, H_n, C$ 是命题公式,当且仅当 $H_1 \wedge H_2 \wedge \cdots \wedge H_n \Rightarrow C$,称 C 是一组前提 $H_1, H_2, \cdots, H_n$ 的有效结论.

推理理论中的 P 规则、T 规则、置换规则.

相容与不相容,针对前提 $H_1, H_2, \cdots, H_n$ 而言.

直接证法和间接证法,CP 规则.

习　题

1. 设 P 为:他将去学校,Q 为:他有时间. 命题①"他将去学校,仅当他有时间",②"他没有时间,他不去学校",将①②符号化.

2. 问命题"2 是偶数或 -2 是负数"的否定命题是什么?

3. 说明下列语句中哪些是真命题,为什么?

(1) 严禁吸烟.

(2) 我正在说谎.

(3) 如果 $1+3=4$,那么雪是黑的.

(4) 如果 $1+2=5$,那么雪是黑的.

4. P 是 Q 的子公式, P 应满足_____且_____.

5. "学习如逆水行舟,不进则退." 将此命题符号化.

6. 将下列命题符号化:

(1) 朱运身体好,学习也好;

(2) 如果 a 和 b 是偶数,则 $a+b$ 是偶数;

(3) 四边形 $ABCD$ 是平行四边形,仅当其对边平行;

(4) 如果鸟是会飞的,则火车是交通工具;

(5) 明天小张将去演出,或者明天小李将去演出;

(6) 选周玲或郑平中的一人当工会主席.

7. 将下列复合命题分解成若干原子命题.

(1) 今天天气炎热,且有雨;

(2) 天气炎热但湿度较低;

(3) 天正在下雨或湿度很高;

(4) 如果你不去比赛,那么我也不去比赛;

(5) 我既不游泳,也不去打球,我在做作业;

(6) 老张或小胡是改革者.

8. 判别下列哪些是命题公式,哪些不是命题公式:

(1) $(Q \rightarrow P \wedge S)$.

(2) $((P \leftrightarrow (R \rightarrow Q)))$.

(3) $((\neg P \rightarrow Q) \rightarrow (Q \rightarrow P))$.

(4) $((P \rightarrow (Q \rightarrow R)) \rightarrow ((P \rightarrow Q) \rightarrow (P \rightarrow R)))$.

(5) $(QS \rightarrow K)$.

9. 指出下列各组命题公式是否等价,并说明理由:

(1) $A \rightarrow (B \rightarrow A)$, $\neg A \rightarrow (A \rightarrow \neg B)$.

(2) $Q \rightarrow (P \vee Q)$, $\neg Q \wedge (P \vee Q)$.

(3) $\neg (A \vee (A \wedge B))$, B.

(4) $\neg P \wedge \neg Q$, $P \vee Q$.

10. 问矛盾式、重言式、可满足式、蕴含式中哪一个是重言式的否定式?

11. 判定下列各组命题公式中哪些是等价的,哪些是不等价的,为什么?

(1) $\neg (A \leftrightarrow B)$, $(A \wedge \neg B) \vee (\neg A \wedge B)$.

(2) $A \rightarrow (B \vee C)$, $(A \wedge \neg B) \rightarrow C$.

(3) $4 \rightarrow (B \vee C)$, $\neg A \wedge (B \vee C)$.

(4) $\neg (A \rightarrow B)$, $A \wedge \neg B$.

12. 化简命题公式: $A \vee (\neg A \vee (B \wedge \neg B))$.

13. 化简命题公式: $((P \rightarrow Q) \leftrightarrow (\neg Q \rightarrow \neg P)) \wedge R$.

14. 用真值表证明：合取对析取的分配律.

15. 证明：

(1) $P \rightarrow (Q \rightarrow P) = \neg P \rightarrow (P \rightarrow \neg Q)$；

(2) $\neg (P \leftrightarrow Q) = (P \vee Q) \wedge \neg (P \wedge Q)$.

16. 证明：$\neg (P \rightarrow Q) = P \oplus Q$.

17. 证明：$P \wedge (P \rightarrow Q) \Rightarrow P$.

18. 证明蕴含重言式 I_{13}，即 $((P \rightarrow Q) \wedge (Q \rightarrow R)) \rightarrow (P \rightarrow R)$.

19. 举三个不是命题的例子，四个假命题的例子，五个真命题的例子.

20. 已知公式 $A(P, Q, R)$ 的特异合取范式为：$M_0 \wedge M_3 \wedge M_4$，问它的特异析取范式是什么（用最小项形式表示）？

21. 求命题公式 $\neg (P \leftrightarrow Q)$ 的特异析取范式，并用最大项的形式表示其特异合取范式.

22. 求公式 $P \wedge (P \rightarrow Q)$ 的析取范式和合取范式.

23. 通过求主合取范式，找出使命题公式 $(P \vee Q) \rightarrow R$ 的真值为 F（假）的真值指派.

24. 用将命题公式化为范式的方法证明下列各题中两式是等价的：

(1) $(A \rightarrow B) \wedge (A \rightarrow C), A \rightarrow (B \wedge C)$；

(2) $(P \rightarrow Q) \rightarrow (P \wedge Q), (\neg P \rightarrow Q) \wedge (Q \rightarrow P)$；

(3) $P \vee (P \rightarrow (P \wedge Q)), \neg P \vee \neg Q \vee (P \wedge Q)$.

25. 已知定理为：如果 $A \wedge B \Rightarrow A \wedge C, \neg A \wedge B \Rightarrow A \wedge C$，则 $B \Rightarrow C$，写出该定理的对偶定理，并验证.

26. 检验下述论证的有效性：

如果我学习，那么我数学不会不及格；

如果我不热衷于打麻将，那么我将学习；

但我数学课不及格，因此我热衷于打麻将.

27. 用符号表示下列各式，并且论证其有效性：

如果 6 是偶数，则 7 被 2 除不尽；

或 5 不是素数，或 7 被 2 除尽.

但 5 是素数.

所以 6 是奇数.

28. 已知 A 是 B 的充分条件，B 是 C 的必要条件，C 是 D 的必要条件，D 是 B 的必要条件，问 A 是 D 的什么条件？

29. 根据下列前提，写出可能导出的结论，以及所用的推理规则：

如果我跑步，那么我很疲劳.

我没有疲劳.

30. 分析下列推理过程，是否正确？结论是否有效？说明理由.

(1) $P \wedge Q \rightarrow R$；　　　　P 规则

(2) $P \rightarrow R$；　　　　　　　T 规则

(3) P；　　　　　　　　　　P 规则

(4) R.　　　　　　　　　　T 规则

所以有 $P \wedge Q \rightarrow R, P \Rightarrow R$

31. 指出下面证明过程是否正确. 若正确补足每一步的推理依据, 否则指出其错误.

(1) $\lnot D \lor A$;

(2) D;

(3) A;

(4) $A \to (C \to B)$;

(5) $C \to B$;

(6) C;

(7) B;

(8) $D \to B$.

所以 $A \to (C \to B), \lnot D \lor A, C \Rightarrow D \to B$.

32. 甲、乙、丙、丁四人参加考试后, 有人问他们谁的成绩最好, 甲说:"不是我", 乙说:"是丁", 丙说:"是乙", 丁说:"不是我", 四人的回答只有一人符合实际, 问是谁的成绩最好, 若只有一人成绩最好的是谁?

33. 将下列推理符号化, 并判定其结论是否正确:

(1) 若一个数为整数, 则它为有理数; 若一个数为有理数, 则它是实数; 有一个数为整数, 所以它为实数.

(2) 若一个数是实数, 则它是复数; 若一个数是虚数, 则它也是复数; 一个数既不是实数, 又不是虚数, 所以它不是复数.

34. 用推理规则证明以下各式:

(1) $\lnot(P \land \lnot Q), \lnot Q \lor R, \lnot R \Rightarrow \lnot P$;

(2) $B \land C, \lnot(B \leftrightarrow C) \lor (H \lor G) \vdash H \lor G$.

35. 证明:$P \to Q, \lnot Q \lor R, \lnot R, \lnot(\lnot P \land S) \Rightarrow \lnot S$.

36. 证明:$(A \lor B) \to (C \land D), (D \lor F) \to E \Rightarrow A \to E$.

37. 用 CP 规则推证以下各式:

(1) $\lnot A \lor B, C \to \lnot B \Rightarrow A \to \lnot C$;

(2) $A \to (B \to C), (C \land D) \to E, \lnot F \to (D \land \lnot E) \Rightarrow A \to (B \to F)$;

(3) $A \lor B \to C \land D, D \lor E \to F \Rightarrow A \to F$.

38. 甲、乙、丙、丁四人参加拳击比赛, 如果甲获胜, 则乙失败; 如果丙获胜, 则乙也获胜; 如果甲不获胜, 则丁不失败; 所以如果丙获胜, 则丁不失败. 请用推理方法证明有效结论.

39. 证明:$P \to Q, \lnot P \to S, S \to \lnot B \Rightarrow B \to Q$.

40. 设有前提:$\lnot P \lor \lnot Q, \lnot P \to A, A \to \lnot B$, 证明结论:$B \to \lnot Q$.

第8章

谓词逻辑

在命题逻辑中原子命题是最基本的研究单位,两个命题之间看不出内在的联系,谓词逻辑是原子命题逻辑的进一步延伸和细化.

8.1　谓词、个体和量词

在命题逻辑中,将原子命题作为不能再分小的基本演算单位(元素),两个命题间不能表达各自的相互内在联系,而在实际应用中命题之间还常有某些共性,命题的内部还含有某些特性,所以仅用命题逻辑来研究现实世界是不够的,具有局限性.例如,对苏格拉底三段论:

所有的人总是会死的,

苏格拉底是人,

所以苏格拉底是会死的.

在命题逻辑中进行符号化为:

分别用表 P,Q,R 示上述三个命题,如果用命题逻辑来描述,只能为: $P \wedge Q \rightarrow R$. 但此式不是重言式,则用命题逻辑无法证明它的正确性.原因是不能对命题的内部特征作深入的研究,也不能表示命题之间的关系.

为了作进一步的研究,引入了谓词,谓词逻辑是对命题逻辑的进一步扩充和延伸.

在谓词逻辑中,进一步将原子命题分解为个体和谓词两个部分.

可以独立存在的事物称为**个体**,它可以是一个具体的事物,也可以是一个抽象的概念,如树、思想、赵明等均可作为个体.

用于刻画个体的性质或个体之间的关系的词叫作**谓词**.

例如:王宁是个小孩.

这是一个原子命题,可分解为"王宁"(个体)和"是小孩"(谓词).

这里谓词(是小孩)表示个体(王宁)的性质.

反之,个体和谓词结合在一起构成一个明确的命题.

所以,只有谓词或只有个体是无法构成完整的逻辑含义的.

通常我们用大写字母表示谓词,用小写字母表示个体,设 P 为"是小孩", a 为"王宁",将括号括住个体,并放在谓词之后构成命题,则"王宁是小孩"可表示为 $P(a)$.

表示抽象的、泛指的或在一定范围内变化的个体,称为**个体变元**,常用 x,y,z 等表示;表示具体的、特定的个体,称为**个体常元**,常用 a,b,c 等表示.

本书主要研究的是 $F(x)$ 中个体 x 的变化,不考虑 F 的变化,因此谓词 F 称为常值谓词.

个体变元的取值范围称为**个体域**,个体域是可以规定范围的,可以是有限的或无限的,如果规定个体域是万事万物无所不包的,则称其为**全总个体域**,通常若没有特别声明,个体域均指全总个体域.

谓词中包含个体的数目称为**元数**,前面所举的例子是一元谓词,表达了个体的性质;而**多元谓词**表达个体间的关系. 例如,有句子:"张华和赵强是朋友",它的谓词是:"…和…是朋友",其中两个个体是"张华"和"赵强". 如果张华和赵强分别设为 a 和 b,谓词是 F,则有 $F(a,b)$,这是一个**二元谓词**. 当然还有二元以上的谓词,多元谓词中个体在谓词中的次序常常是重要的. 例如,"鼻子位于眼睛和嘴巴之间",这是真命题,"鼻子"、"眼睛"、"嘴巴"三个个体间的次序不能随意变化.

命题逻辑中的原子命题可对应用 0 元谓词表示(特殊情况),命题逻辑中的联结词在谓词逻辑中均可应用,且含义不变.

例 8-1　夏胜是班长,我和李学是课代表. 用谓词逻辑来刻画.

解:令 $F(x)$ 表示"x 是班长",$P(x)$ 表示"x 是课代表",a 是夏胜,b 是我,c 是李学,则上述句子可以表达为:

$$F(a) \wedge P(b) \wedge P(c)$$

例 8-2　那个小学生正在看这只笼子里的大黑猩猩,用谓词逻辑来刻画.

解:令 $F(x,y)$ 表示"x 正在看 y",$S(x)$ 表示"x 是小的",$G(x)$ 表示"x 是大的",$M(x)$ 表示"x 是学生",$B(x)$ 表示"x 是黑的",$X(x)$ 表示"x 猩猩",$L(x)$ 表示"笼子里的",a 表示那个,b 表示这个,上述句子可以表达为:

$$F(a,b) \wedge S(a) \wedge M(a) \wedge G(b) \wedge B(b) \wedge X(b) \wedge L(b)$$

一般地,对于日常用的自然语言中的各种类型的词,我们给出一些大体的对应关系,根据这些关系,来写出谓词逻辑表达式.

名词:专用名词为个体.

　　　通用名词一般是谓词.

代词:人称代词是个体(如你、我、他).

　　　指示代词是个体(如这个、那个).

　　　不定代词是量词(如每个、有些、任何).

形容词:一般是谓词.

数词:一般是量词.

动词:一般是谓词.

副词:一般与所修饰的动词合并为谓词,不再分解.

前置词:与其他有关词合并,本身不独立表示.

连接词:一般是命题联结词.

上述准则仅供一般参考,实际应用中常有例外.

可以将带有个体变元的谓词看成为一个函数,它以个体域为定义域,以$\{0,1\}$为值域,我们称之为**命题函数**,它的值是 1(真)或 0(假).所以确定谓词真假的方法是在其个体变元中代入一个属于该个体域的值.

注意:同一个个体域的不同值会给谓词带来不同的真假值.

谓词逻辑中谓词与个体变元的值所存在的关系可从两个角度来看:

(1) 个体变元取定一个值后,会对应谓词的一个特定的"真"或"假"值.

(2) 个体域中的所有个体变元作为整体与谓词的关系一般可规定如下四种关系:

① 个体域中的所有值均使谓词为真;

② 个体域中的所有值均使谓词为假;

③ 个体域中的有些值使谓词为真;

④ 个体域中的有些值使谓词为假.

为了表示个体域中有多少值与谓词的关系为"真"或"假",引入了表示数量的**量词**(有两种).

表示"所有"、"任意"等含义的词称为**全称量词**,它反映了个体域中的所有值与谓词的关系,用符号"$\forall$"表示,$\forall x(F(x))$表示个体变元 x 以及它的值域与谓词 $F(x)$ 的所有关系,它可有 $\forall x(F(x))=1$, $\forall x(F(x))=0$ 的表示.

$\forall x(F(x))$ 的谓词 $F(x)$ 中的 x 被全称量词"$\forall$"约束住了,它有一个确定的值 0 或 1,其中 x 称为**约束变元**.

表示"存在一些"、"有某些"、"至少有一个"等含义的词称为**存在量词**,它反映了个体域中的某些值与谓词的关系,用符号"$\exists$"表示.$\exists x(F(x))$表示个体变元 x 在个体域中的某些取值与 $F(x)$ 的确定关系,它可有 $\exists x(F(x))=1$, $\exists x(F(x))=0$. 类似地,$\exists x(F(x))$ 也可有确定的值 0 或 1,其中的 x 也是约束变元.

紧跟在量词("$\forall$"和"$\exists$")后括号内的部分称为该量词的"辖域".

量词刻画了个体域整体与谓词间真假的数量关系.

前面我们提到为研究方便,规定了全总个体域,这样可以将所研究的个体归入一个个体域,但也会带来另一问题,即有些个体和另一些个体的取值范围不同,隶属于全总个体域的不同子集,那么如何来区别它们的隶属关系呢? 我们可以用特定的谓词对个体所变化的范围作出明确的刻画,这种谓词叫作**特性谓词**.

量词与特性谓词的配合表示通常遵守下列规定:

(1) 对于受全称量词($\forall$)所束缚的个体变元(即约束变元),它的特性谓词可加在全称量词辖域内,与所要刻画的原式构成一个蕴含式,并以此特性谓词作为蕴含前件而原式作为后件;

(2) 对于受存在量词($\exists$)所束缚的个体变元(即约束变元),它的特性谓词可加在存在量词辖域内,与原式构成一个合取式.

而对于不受量词约束的个体变元,可在整个公式里作为合取式中的合取项加入即可.

谓词逻辑的表达能力比命题逻辑更广、更细、更深刻.

例 8 - 3 聪明的人未必学习好.

解:设 $G(x)$:x 聪明;$S(x)$:x 学习好. 用谓词逻辑表示为 $\neg \forall x(C(x) \rightarrow S(x))$,也可以

用存在量词表示：$\exists x(C(x)\wedge\neg S(x))$.

例 8-4 对任一实数均满足：

$$(x-1)^2=x^2-2x+1.$$

解：$R(x)$ 表示："x 是实数"，上述公式可表示为：

$$\forall x(R(x)\rightarrow((x-1)^2=x^2-2x+1)).$$

例 8-5 设有一维整数数组 Array $A[1:80]$，其中的每项不为 0，用谓词表示.

解：令 $I(x)$ 表示"x 是整数"，令 $\leqslant(x,y)$ 表示"$x\leqslant y$"，$\neq(x,y)$ 表示"$x\neq y$"，则有

$$\forall x(I(x)\wedge\leqslant(1,x)\wedge\leqslant(x,80)\rightarrow\neq(A(x),0)),$$

其中 $\leqslant(1,x)\wedge\leqslant(x,80)$ 表示数组下标的取值范围，$\neq(A(x),0)$ 表示每项元素不为 0.

例 8-6 每个自然数都有唯一的一个后继数.

解：令 $N(x)$ 表示"x 是自然数"，$S(x,y)$ 表示"y 是 x 的后继数"，则上述句子可表示为：

$$\forall x(N(x)\rightarrow(\exists y(N(y)\wedge S(x,y))))\wedge\forall x\forall y\forall z(N(x)\wedge N(y)\wedge N(z)$$
$$\rightarrow(S(x,y)\wedge S(x,z)\rightarrow=(y,z))).$$

本句看似简单，但要把唯一性、后继数表达清楚还是较复杂的.

例 8-7 将"计算机系的学生都要学离散数学."用谓词逻辑表达.

解：设 $S(x)$：x 是学生，$C(x)$：x 是计算机系的，$D(x)$：x 要学离散数学，则有

$$\forall x((C(x)\wedge S(x))\rightarrow D(x)).$$

本句也可以用二元谓词来表达：

设 $P(x,y)$：x 学习 y，个体常元 a：离散数学，$S(x)$：x 是学生，$C(x)$：x 是计算机系的. 则有

$$\forall x((S(x)\wedge C(x))\rightarrow P(x,a)).$$

例 8-8 "有些人喜欢看所有的书"，将此句用谓词逻辑来描述.

解：令 $P(x)$ 表示"x 是人"；$B(x)$ 表示"x 是书"，$S(x,y)$ 表示"x 喜欢看 y"，则有

$$\exists x(P(x)\wedge\forall y(B(y)\rightarrow S(x,y))).$$

8.2 谓词演算公式及其基本永真公式

在谓词演算中，命题、谓词、量词、联结词等按命题逻辑及谓词逻辑的要求构成谓词逻辑公式.

在谓词逻辑中规定一些最基本的公式，称其为原子公式，由 n 元谓词 F 以及 n 个个体变元 $x_1,x_2,\cdots,x_n$ 所构成的 $F(x_1,x_2,\cdots,x_n)$ 是一个原子公式.

通过原子公式，来定义谓词逻辑公式（或称合式公式），可简称为公式.

定义 8-1 （1）原子公式是公式.

(2) 若 A 是公式,则($\neg A$)也是公式.

(3) 若 A,B 是公式,则($A \wedge B$),($A \vee B$),($A \rightarrow B$),($A \leftrightarrow B$)也是公式.

(4) 若 A 是公式,x 是个体变元,则 $\forall x(A)$、$\exists x(A)$ 也是公式.

(5) 只有有限次地应用上述(1)～(4)规则构成的式子才是公式.

在公式中,以前学过的联结词和量词具有优先级,其顺序如下:

(1) $\exists$,$\forall$(相同优先级);

(2) $\neg$;

(3) $\wedge$,$\vee$;

(4) $\rightarrow$;

(5) $\leftrightarrow$;

实际上,前一章所学的命题逻辑公式是本章谓词逻辑公式的特例,所以在谓词逻辑公式中,会出现命题变元和个体变元. 对个体变元来说有前面提到的约束变元,实际上受约束变元束缚的公式是确定的,从这个角度来理解,约束变元不是真的变元;还有一类不受约束的变元称为**自由变元**,它是一种变化的个体变元.

谓词逻辑公式中涉及的真正变化着的变元是命题变元和自由个体变元. 也就是说,要确定谓词逻辑公式的值,只要对所出现命题变元和自由变元赋予确定的值,就会得到公式的值,其值域为$\{0,1\}$,即其值非 0 即 1.

如果一个谓词逻辑公式不管对其中的命题变元或自由变元赋予什么样的值,公式的值永为真,这种公式称为谓词逻辑的永真式(重言式)或简称**永真公式**;如果不管对命题变元或自由变元赋予什么值,公式的值永为假,则称其为**永假公式**. 永假公式的否定即为永真公式.

我们主要研究蕴含永真公式和等价永真公式.

同命题逻辑一样,我们通过给出谓词逻辑的一些基本的永真公式,其他所有的永真公式可以由这些基本永真公式推导出来.

在命题逻辑中的重言式(永真公式)也是谓词逻辑的重言式,命题永真公式中的命题用谓词逻辑公式代入后,所得的公式也是永真公式.

例如,命题逻辑中有 $P \rightarrow Q = \neg P \vee Q$,对应到谓词逻辑中可以为

$$\forall x(P(x) \rightarrow Q(x)) = \forall x(\neg P(x) \vee Q(x)).$$

全称量词和存在量词之间具有一定的内在逻辑关系,且可以相互转化.

下面介绍一些基本的蕴含和等价永真公式.

$$\exists x(\neg P(x)) = \neg(\forall x(P(x))). \tag{1}$$

等式两边的表达是等价的,效果一样的,但各自采取的量词却不一样.

例 8-9　分析、比较下列两个句子的含义:

(1) 有些人今天没有到电影院看电影.

(2) 不是所有人今天都到电影院看电影.

解:令 $P(x)$ 为"x 今天到电影院看电影",则(1)可表示为:$\exists x(\neg P(x))$;(2) $\neg \forall x(P(x))$.

仔细分析含义或利用公式(1)可知本题的两句话含义是相同的.

$$\forall x(\neg P(x)) = \neg(\exists x(P(x))) \tag{2}$$

根据公式(1)(2)可知在谓词运算中只要一个量词就可以了,因为可以由(1)(2)推出:

$$\forall x(P(x)) = \neg(\exists x(\neg P(x))).$$

$$\exists x(P(x)) = \neg(\forall x(\neg P(x))).$$

量词外的否定符号可以深入到量词辖域内,反之亦然.

$$\forall x(P(x) \vee Q) = \forall x(P(x)) \vee Q, \tag{3}$$

$$\forall x(P(x) \wedge Q) = \forall (P(x)) \wedge Q, \tag{4}$$

$$\exists x(P(x) \vee Q) = \exists x(P(x)) \vee Q, \tag{5}$$

$$\exists x(P(x) \wedge Q) = \exists x(P(x)) \wedge Q, \tag{6}$$

(3)～(6)中 Q 内不出现 x,Q 放在辖域内外是一样的,还可推出:

$$\forall x(P(x)) \rightarrow Q = \exists (P(x) \rightarrow Q), \tag{7}$$

$$\exists x(P(x)) \rightarrow Q = \forall x(P(x) \rightarrow Q), \tag{8}$$

$$Q \rightarrow \forall x(P(x)) = \forall x(Q \rightarrow P(x)), \tag{9}$$

$$Q \rightarrow \exists x(P(x)) = \exists x(Q \rightarrow P(x)) \tag{10}$$

对(8)给出验证:

$$\exists x(P(x)) \rightarrow Q = \neg \exists x(P(x)) \vee Q = \forall x(\neg P(x)) \vee Q$$
$$= \forall x(\neg P(x) \vee Q) = \forall x(P(x) \rightarrow Q),\text{左、右两边相等}.$$

其余公式证明类似.

公式(3)～(10)表示在量词辖域内存在某些与量词所约束的变元无关的公式,在某些情况下,这些公式可以从辖域内移出去,反之也可以移入,逻辑含义不变,这可以称为量词辖域的扩张与收缩.

$$\forall x(P(x) \wedge Q(x)) = \forall x(P(x)) \wedge \forall x(Q(x)), \tag{11}$$

$$\exists x(P(x) \vee Q(x)) = \exists x(P(x)) \vee \exists x(Q(x)). \tag{12}$$

例如:"有人吃青菜或喝饮料"和"有人吃青菜或有人喝饮料"这两个句子的意义相同,见公式(12).

$$\forall x(P(x)) \vee \forall x(Q(x)) \Rightarrow \forall x(P(x) \vee Q(x)), \tag{13}$$

$$\exists x(P(x) \wedge Q(x)) \Rightarrow \exists x(P(x)) \wedge \exists x(Q(x)). \tag{14}$$

注意:(13)(14)的箭头方向,是蕴含永真公式.

例8-10 由"今天所有人都上数学课或今天所有人都上语文课",可以推出:"今天所有人都上数学课或上语文课",见公式(13).但这两句反过来推不一定为真,因为"今天所有人都上数学课或上语文课",有可能只有一部分人上数学课而另一部分人上语文课,这样就推不出,"今天所有人都上数学课或今天所有人都上语文课",因为这句不能有一部分人上一种课,而另一部分上另一种课,而应该是要上一种或两种课则所有人都要一致.

例 8-11 由"有人既喜欢打篮球又喜欢打乒乓球"可以推出:"有人喜欢打篮球并且有人喜欢打乒乓球",见公式(14).但这两句话反过来推未必为真,因为"有些人喜欢打篮球并且有些人喜欢打乒乓球"可能是有一些人喜欢打篮球而不喜欢打乒乓球,而另有一些人喜欢打乒乓球而不喜欢打篮球,即未必有人同时喜欢打篮球和打乒乓球,而"有些人既喜欢打篮球又喜欢打乒乓球"指肯定有人同时喜欢这两项运动.

$$\forall x(P(x) \to Q(x)) \Rightarrow \forall x(P(x)) \to \forall x(Q(x)), \tag{15}$$

$$\exists x(P(x) \to Q(x)) \Rightarrow \exists x(P(x)) \to \exists x(Q(x)). \tag{16}$$

注意:(15)(16)也是单向的蕴含重言式.

例如,对"如果有些钟不装电池则一定存在一些钟无法工作",不一定能推出"对所有的钟如果它没有电池则它一定不能工作",因为有不同动力工作的钟,有的钟需要电池才能工作,如石英电子钟;但有些钟不需要电池也能工作,如电钟、用发条的机械钟,见公式(16).

可以在公式中添加和除去量词,见下列公式:

$$\forall x(P(x)) \Rightarrow P(x), \tag{17}$$

$$P(x) \Rightarrow \exists x(P(x)), \tag{18}$$

也是单向的蕴含永真公式.

例如:"所有的猫需要吃东西"必定能推出:"猫需要吃东西".见公式(17).又例如:"猫需要吃东西"必定能推出"有些猫需要吃东西",见公式(18).

$$\forall x \forall y(P(x,y)) = \forall y \forall x(P(x,y)), \tag{19}$$

$$\exists x \exists y(P(x,y)) = \exists y \exists x(P(x,y)). \tag{20}$$

(19)(20)表示多个全称量词或多个存在量词之间的次序是可以随便排列的,这是等价永真公式.

$$\exists x \forall y(P(x,y)) \Rightarrow \forall y \exists x(P(x,y)), \tag{21}$$

这也是单向的蕴含永真式.

例 8-12 用公式(21)来分析下面两个句子间 的关系:① "有些人看过所有离散数学的书",② "所有离散数学的书都有人看过".

解:①可推出②,因为①说明有的人把所有的离散数学的书都看过了,那可推出②的所有离散数学的书都被看过了;但反之不行,因为②指书都被看过,但可能是部分书被某些人看过,而另一部分被另外一些人看过,两部分人合起来看了全部的书,这并不能推出①意为有人看了所有的离散数学书,即不需要另外的人去看一些书,就达到了看所有离散数学书的目的.

$$\forall x(P(x)) \Rightarrow \exists x(P(x)), \tag{22}$$

也是单向蕴含重言式.

8.3 前束范式

类似命题公式,谓词演算的公式也可以化为规范形式.

定义 8-2 如果一个公式的所有量词均非否定地出现在公式的最前面,它们的辖域一直延伸到公式末,且公式中不出现"→"和"↔"联结词,则此种形式的公式称为**前束范式**.

例如:$\exists x \forall y \exists z(P(x,y) \lor Q(z) \lor S(x))$.

前束范式按其构造分为两部分:① 量词部分;② 逻辑公式部分.

通常用如下的化归过程:

(1) 将公式中的联结词→,↔转换成¬,∧,∨等联结词;

(2) 利用基本公式将公式中的否定符号深入到谓词变元之前;

(3) 为了区别公式中的所有约束变元及自由变元,它们的名称均应不同,若有两个相同应将其中之一改名;

(4) 利用基本公式(3)~(6),扩大量词的辖域至整个公式.

例 8-13 将公式$(\exists x(P(x)) \land \forall y(Q(y))) \to \exists y(R(y))$化为前束范式.

解: $(\exists x(P(x)) \land \forall y(Q(y))) \to \exists y(R(y))$

$= \neg(\exists x(P(x)) \land \forall y(Q(y))) \lor \exists y(R(y))$ (除去联结词→)

$= (\forall x(\neg P(x)) \lor \exists y(\neg Q(y))) \lor \exists y(R(y))$ (将否定符号深入到谓词变元之前)

$= (\forall x(\neg P(x)) \lor \exists y(\neg Q(y))) \lor \exists z(R(z))$ (更改重名的变元符号)

$= (\forall x \exists y \exists z(\neg P(x)) \lor (\neg Q(y))) \lor (R(z))$.   (将量词辖域扩大到整个公式)
                                                 最终得到前束范式.

虽然前束范式将量词全部放到公式的前面,但量词对∃和∀没有规定次序.

斯科林范式是对前束范式的改造,它将一个公式的所有存在量词、公式的所有全称量词、逻辑公式按顺序把整个公式分成三个部分,这样比较规范.任何一个公式均可化归为斯科林范式.例如:

$$\exists x \exists y \forall z \forall u \forall v(P(x) \land Q(y,u) \land R(x,v) \lor (S(z)))$$

是斯科林范式.

8.4 谓词演算的推理理论

谓词演算的推理方法,可以看成是命题演算推理方法的扩展,例如,P,T,CP规则,基本等价式和基本蕴含式都可拿到谓词演算的推理中来使用,但要注意某些前提和结论在此时可能会受到量词的限制,下面我们介绍四条规则来消去或添加量词.

1. 全称指定规则 *US*

如果对个体域中所有个体 x，$P(x)$ 成立，则对个体域中某个任意个体 $P(c)$ 一定成立，其可表示为

$$\frac{\forall x(P(x))}{P(c)}.$$

2. 全称推广规则 *UG*

如果能证明对个体域中每一个个体 x 断言 $P(x)$ 都成立，则可得到结论 $\forall x(P(x))$ 成立，其可表示为

$$\frac{P(x)}{\forall x(P(x))}.$$

3. 存在指定规则 *ES*

如果对于个体域中某些个体 $P(x)$ 成立，则必有某个特定个体 c，使 $P(c)$ 成立，其可表示为

$$\frac{\exists x(P(x))}{P(c)}.$$

注意：此规则中的 c 代表某些个体，但 c 不是任意存在的，推导时要注意上下文中个体之间的关系.

4. 存在推广规则 *EG*

如果对个体域中某个特定个体 c，有 $P(c)$ 成立，则在个体域中，必存在 x，使 $P(x)$ 成立，其可表示为

$$\frac{P(c)}{\exists x(P(x))}.$$

例 8 - 14　中国乒乓球队员都是优秀运动员，并且是乒乓球运动的天才，有些队员去参加奥运会，所以有的队员是天才，并且去参加奥运会.

解：$G(x)$ 为：x 是中国乒乓球队队员；

$E(x)$ 为：x 是优秀运动员

$T(x)$ 为：x 是乒乓球运动的天才；

$P(x)$ 为：x 去参加奥运会.

前提为：

$$\forall x(G(x)) \rightarrow E(x) \wedge T(x)), \exists x G((x) \wedge P(x)).$$

结论：$\exists x(G(x) \wedge T(x) \wedge P(x))$.

构造如下推理证明：

(1) $\exists x(G(x) \wedge P(x))$;	P
(2) $G(c) \wedge P(c)$;	(1) ES
(3) $\forall x(G(x) \rightarrow E(x) \wedge T(x))$;	P
(4) $G(c) \rightarrow E(c) \wedge T(c)$;	(3) US
(5) $G(c)$;	(2) T,I
(6) $E(c) \wedge T(c)$;	(4)(5) T,I
(7) $P(c)$;	(2) T,I
(8) $T(c)$;	(6) T,I
(9) $G(c) \wedge P(c) \wedge T(c)$;	(5)(7)(8) T,I
(10) $\exists x(G(x) \wedge P(x) \wedge T(x))$;	(9) EG

例 8-15 证明 $\exists x P(x) \rightarrow \forall x Q(x) \Rightarrow \forall x(P(x) \rightarrow Q(x))$.

证明：如果假设 $\neg \forall x(P(x) \rightarrow Q(x))$ 成立，推出矛盾式即证.

(1) $\neg \forall x(P(x) \rightarrow Q(x))$;	假设
(2) $\exists x \neg (P(x) \rightarrow Q(x))$;	(1) E
(3) $\neg (P(a) \rightarrow Q(a))$;	(2) ES
(4) $P(a) \wedge \neg Q(a)$;	(3) I
(5) $P(a)$;	(4) I
(6) $\neg Q(a)$;	(4) I
(7) $\exists x P(x)$;	(5) EG
(8) $\exists x(P(x)) \rightarrow \forall x(Q(x))$;	P
(9) $\forall x(Q(x))$;	(7)(8) I
(10) $Q(a)$;	(9) US
(11) $Q(a) \wedge \neg Q(a)$;	(6)(10) 矛盾

故得证.

小　结

个体、谓词是本章的基本细胞（命题的进一步分解、刻画）.

个体常元、个体变元.

一元谓词、二元谓词常用，可推广到 n 元谓词，

个体域和全总个体域.

全称量词"$\forall$"和存在量词"$\exists$"及其相互转化.

特性谓词用来限定个体域的范围，

谓词逻辑公式的构造、翻译.

量词的辖域.

约束变元与自由变元及其区别.

谓词逻辑公式的赋值.

谓词演算的等价式、蕴含式（记住相应基本公式）.

前束范式及其化归.

斯科林范式.

谓词演算中的推理.

掌握 US,UG,ES,EG 规则.

习　题

1. 用谓词表达式写出下列命题：

（1）小李不是研究生；

（2）他是篮球或乒乓球运动员；

（3）若 m 是奇数则 $2m$ 是偶数；

（4）小王非常聪明和能干；

（5）那位戴眼镜穿西服的高个大学生在看这本英文杂志.

2. 找出谓词公式 $\forall x(P(x)\vee\exists yR(y))\rightarrow Q(x)$ 中量词 $\forall x$ 的辖域.

3. 谓词公式 $\forall u(P(u)\vee\exists v(R(v)))\rightarrow Q(u)$ 中变元 u 是什么变元？为什么？

4. 设论域为整数集，判定下列公式的真假，并说明理由.

（1）$\exists y\forall x(x+y=0)$；　　　　　（2）$\neg\exists x\exists y(x+y=0)$；

（3）$\forall x\forall y(x+y=0)$；　　　　　（4）$\forall x\exists y(x+y=0)$.

5. 公式 $\forall x\forall y(R(x,y)\vee S(y,z))\wedge\exists x(R(x,y))$ 中 $\forall x,\forall y$ 和 $\exists x$ 的辖域分别为什么？

6. 公式 $\forall x(R(x)\wedge G(x,y)\vee\exists z(H(y,z)))\rightarrow A(x)$ 中自由变元是什么？约束变元是什么？

7. 设个体域为实数集，将命题"任意实数总能比较大小"形式化.

8. 对下列谓词公式中的约束变元进行换名.

（1）$\forall x\exists y(P(x,z)\rightarrow Q(y))\leftrightarrow S(x,y)$；

（2）$\forall x(P(x)\rightarrow(R(x)\vee Q(x))\wedge\exists xR(x))\rightarrow\exists z(S(x,z))$.

9. 对下列谓词公式中的自由变元进行代入.

（1）$\exists y(P(x,y)\rightarrow\forall x(Q(x,z)))\wedge\exists x\forall z(R(x,y,z))$；

（2）$(\forall y(G(x,y))\wedge\exists z(H(x,z)))\vee\forall x(K(x,y))$.

10. 指出下列公式的约束变元和自由变元，并指出约束变元受什么量词的约束？

（1）$\forall x(P(x))\rightarrow P(y)$；

（2）$\forall x(P(x)\wedge Q(x))\wedge\exists x(S(x))$；

（3）$\exists x\forall y(A(x)\wedge B(y)\rightarrow\forall x(C(x)))$；

（4）$\exists x\exists y(E(x,y)\wedge F(z))$.

11. 取个体域为整数集,判断下列公式中,哪些是真命题? 哪些是假命题?

(1) $\forall x\exists y(x\cdot y=0)$;　　　　　　(2) $\exists x\exists y(x\cdot y=2)$;

(3) $x-y=-y+x$;　　　　　　(4) $\forall x(x\cdot y=x)$;

(5) $\forall x\exists y(x\cdot y=1)$;　　　　　　(6) $\forall x\forall y\exists z(x-y=z)$;

(7) $\forall x\forall y(x\cdot y=y)$;　　　　　　(8) $\exists x\forall y(x+y=2y)$.

12. 设谓词 $A(x)$:x 是奇数,$B(x)$:x 是偶数,谓词公式 $\exists x(A(x)\wedge B(x))$ 分别在整数、实数、自然数三种个体域中是否是可满足的?

13. 设个体域 $A=\{a,b\}$,公式 $\forall x(P(x))\wedge\exists x(S(x))$ 在 A 上消去量词后应该为怎样的谓词公式?

14. 求谓词公式 $\exists x(P(x))\to\forall x(Q(x))\vee\exists y(R(y))$ 的前束范式.

15. 设个体域 $A=\{1,2\}$,消去公式 $\forall x\exists y(P(x,y)\vee Q(y))$ 中的量词.

16. 求谓词公式 $\forall x(P(x))\to\forall z(Q(x,z))\vee\forall z(R(x,y,z))$ 的前束范式.

17. 设有个体域 $D=\{2,3\}$,$f(2)=3,f(3)=2,E(2,2)=F,E(2,3)=F,E(3,2)=T,E(3,3)=T$. 试求以下各式的真值:

(1)$E(2,f(2))\wedge E(3,f(3))$;

(2)$\forall x\exists yE(y,x)$.

18. 求证 $\exists x(A(x)\to B(x))\Leftrightarrow\forall x(A(x))\to\exists x(B(x))$.

19. 设论域 $D=\{a,b,c\}$,求证:

$$\forall x(A(x))\vee\forall x(B(x))\Rightarrow\forall x(A(x)\vee B(x)).$$

20. 求证 $\forall x\forall y(P(x)\to Q(y))\Leftrightarrow\exists x(P(x))\to\forall y(Q(y))$.

21. 判断下列推证是否正确? 为什么?

$\forall x(A(x)\to B(x))\Leftrightarrow\forall x(\neg A(x)\vee B(x))$

　　　　　　　　$\Leftrightarrow\forall x\neg(A(x)\wedge\neg B(x))$

　　　　　　　　$\Leftrightarrow\neg\exists x(A(x)\wedge\neg B(x))$

　　　　　　　　$\Leftrightarrow\neg(\exists x(A(x))\wedge\exists x(\neg B(x)))$

　　　　　　　　$\Leftrightarrow\neg\exists x(A(x))\vee\forall x(B(x))$

　　　　　　　　$\Leftrightarrow\exists x(A(x))\to\forall x(B(x))$.

22. 证明 $\exists x(A(x)\to B(x))\Leftrightarrow\forall xA(x)\to\exists xB(x)$.

23. 试找出下列推导过程中的错误,并写出正确的推导过程.

(1) $\forall x(P(x)\to Q(x))$;　　　　　　　　P

(2) $P(a)\to Q(a)$;　　　　　　　　　　(1) US

(3) $\exists x(P(x))$;　　　　　　　　　　P

(4) $P(a)$;　　　　　　　　　　　　(3) ES

(5) $Q(a)$;　　　　　　　　　　　　(2)(4) T,I

(6) $\exists x(Q(x))$.　　　　　　　　　　(5) EG

24. 构造以下的推理证明:

有理数都是实数,有的有理数是整数,因此有的实数是整数.

25. 对下列句子符号化,并构造推理证明:

任何人如果他喜欢步行,他就不喜欢乘汽车;每一个人或者喜欢乘汽车或者喜欢骑自行车;有的人不爱骑自行车,因而有的人不爱步行.

26. 用推理规则证明下式:

前提:$\exists x(F(x) \wedge S(x)) \to \forall y(M(y) \to W(y))$,$\exists y(M(y) \wedge \neg W(y))$;

结论:$\forall x(F(x) \to \neg S(x))$.

27. 用 CP 规则证明:

(1) $\forall x(P(x) \to Q(x)) \Rightarrow \forall x(P(x)) \to \forall x(Q(x))$;

(2) $\forall x(P(x) \vee Q(x)) \Rightarrow \forall x(P(x)) \vee \exists x(Q(x))$.

28. 判断下列推理过程是否正确,为什么?

(1) $\exists x(P(x))$; P

(2) $P(c)$;   (1) ES

(3) $\exists x(Q(x))$; P

(4) $Q(c)$;   (3) ES

(5) $P(c) \wedge Q(c)$.   (2)、(4) T

*29. 用推理规则证明:

前提:$\exists x(P(x)) \to \forall x((P(x) \vee Q(x)) \to R(x))$,$\exists x(Q(x))$;

结论:$\exists x \exists y(R(x) \wedge R(y))$.

*30. 改正下列证明中的错误:

前提:$\forall x \exists y(S(x,y) \wedge M(y)) \to \exists z(P(z) \wedge R(x,z))$.

结论:$\neg \exists z(P(z)) \to \forall x \forall y(S(x,y) \to \neg M(y))$.

证明过程:

(1) $\forall x \exists y(S(x,y) \wedge M(y)) \to \exists z(P(z) \wedge R(x,z))$; P

(2) $\exists y(S(b,y) \wedge M(y)) \to \exists z(P(z) \wedge R(b,z))$;   (1) US

(3) $\neg \exists z(P(z))$; P(附加前提)

(4) $\forall z(\neg P(z))$;   (3) T, E

(5) $\neg P(a)$;   (4) US

(6) $\neg P(a) \vee \neg R(b,a)$;   (5) T, I

(7) $\forall z(\neg P(z) \vee \neg R(b,z))$;   (6) UG

(8) $\neg \exists z(P(z) \wedge R(b,z))$;   (7) T, E

(9) $\neg \exists y(S(b,y) \wedge M(y))$;   (2)、(8) T, I

(10) $\forall y(\neg S(b,y) \vee \neg M(y))$;   (9) T, E

(11) $\forall y(S(b,y) \to \neg M(y))$;   (10) T, E

(12) $\forall x \forall y(S(x,y) \to \neg M(y))$;   (11) UG

(13) $\neg \exists z(P(z)) \to \forall x \forall y(S(x,y) \to \neg M(y))$. CP

参考文献

［1］徐洁磐、朱怀宏、宋方敏. 离散数学及其在计算机中的应用, 北京:人民邮电出版社,2008.

［2］左孝凌,等. 离散数学. 上海:上海科学技术文献出版社,2000.

［3］左孝凌,等. 离散数学理论·分析·题解. 上海:上海科学技术文献出版社,2000.

［4］李大友. 离散数学. 北京:清华大学出版社,2001.

［5］王元元,张桂芸. 计算机科学中的离散结构. 北京:机械工业出版社,2004.

［6］S. 利普舒尔茨,M. 利普森. 离散数学. 周兴和,等译. 北京:科学出版社,2002.

［7］倪子伟,蔡经球. 离散数学. 北京:科学出版,2002.

［8］耿素云,等. 离散数学. 北京:清华大学出版社,1999.

［9］胡启新,等. 离散数学——习题与解析. 北京:清华大学出版社,2002.

［10］孙学红,等. 离散数学习题解答. 西安:西安电子科学技术大学出版社,2001.

［11］B. Kolma, R. C. Busby, S. Ross. 离散数学结构:影印版第三版. 北京:清华大学出版社,New Jersey:Prentice-Hall International,Inc. ,1998.

［12］洪帆,等. 离散数学习题题解. 武汉:华中理工大学出版社,1999.

［13］孙俊秀,等. 离散数学标准化题解. 天津:天津人民出版社,1996.

［14］阮传概. 离散数学提要与范例. 北京:北京广播学院出版社,1991.

［15］朱怀宏. 离散数学自考应试指导. 南京:南京大学出版社,2003.

［16］徐洁磐. 离散数学导论(第 5 版). 北京:高等教育出版社,2016.

［17］朱怀宏,徐洁磐. 离散数学导论·学习指导与习题解析. 北京:高等教育出版社,2017.

［18］朱怀宏. 离散数学习题解析. 南京:南京大学出版社,2012.